WENN PFERDE
ANGST HABEN

Karin Tillisch

WENN PFERDE ANGST HABEN

DER WEG ZUR VERTRAUENSVOLLEN PARTNERSCHAFT

IMPRESSUM

Copyright © 2014 by Cadmos Verlag, Schwarzenbek

Gestaltung und Satz: Pinkhouse Design, Wien
Titelgestaltung und Layout: www.ravenstein2.de
Coverfoto: Christiane Slawik
Fotos im Innenteil: Christiane Slawik
Lektorat: Alessandra Kreibaum

Druck: Westermann Druck, Zwickau

Deutsche Nationalbibliothek – CIP-Einheitsaufnahme
Die Deutsche Nationalbibliothek verzeichnet diese Publikation in der Deutschen Nationalbibliografie; detaillierte bibliografische Daten sind im Internet über http://dnb.ddb.de abrufbar.

Printed in Germany

ISBN: 978-3-8404-1514-2

INHALT

09 .... *Vorwort*

11 .... *Pferd und Mensch – Ein Gegensatz*

13 .... *Wie haben Pferde Angst?*
13 .... Ist Angst gleich Flucht?
14 .... Was geschieht bei Angst im Körper?

17 .... *Die Arten der Angst*
17 .... Erschrecken
17 .... Fluchtreflex
19 .... Panik
19 .... Sonderfall: Trauma und Phobie

21 .... *Ursachen und Bewältigung der Angst*
21 .... Angeborene Angst
21 .... Anerzogene Angst durch Mutterstute und Herde
22 .... Antrainierte Angst durch den Menschen
24 .... Arten der Angstbewältigung
26 .... Reflexionen der Angst

29 .... *Angst vor Berührung*
29 .... Die Sache mit der Aura
29 .... Ein gut gemeinter Klaps und seine fatalen Folgen
30 .... Stufenweises Gewöhnen an Berührung
32 .... Kopfscheue Pferde
33 .... Wenn Pferde scheuen … Wie verhalte ich mich richtig?

37 .... *Angst vor Gegenständen*
37 .... Gefahren der Selbstentdeckungsmethode
38 .... „Stups und weg"
39 .... „Aus klein mach groß"

43 .... *Angst, alleine zu sein*
44 .... Übungen auf dem Platz mit dem Kumpelpferd
44 .... Stufenweises Entwöhnen auf dem Platz
45 .... Übungen im Gelände mit dem Kumpelpferd
46 .... Stufenweises Entwöhnen im Gelände
47 .... Das große Finale: Der Ausritt!

49 .... *Angst beim Reiten*
49 .... Arten der Angst beim Gerittenwerden
51 .... Sechs-Monats-Plan: Back to Basics
53 .... Lösende Übungen für Pferd und Mensch
55 .... Reiten im Gelände

*Angst bei Veränderungen
und Ausnahmesituationen*
59 ....
59 .... Wieso reagieren Pferde auf Veränderungen mit Angst?
59 .... Geschlechtsspezifisches Verhalten bei Veränderungen
62 .... Stressfaktor Stallwechsel
64 .... Stress auf Turnier, Show und Co.
68 .... Öfter mal was Neues?
69 .... Rituale geben Sicherheit
71 .... Angst vor dem Verladen und Hängerfahren
73 .... Der Angst-Quickcheck

77 .... *(Selbst-)Vertrauen aufbauen*
77 .... Mut kann man lernen!
80 .... Zirkuslektionen als Ego-Booster

85 .... *Angstprävention — Wehret den Anfängen!*
85 .... Artgerechte Haltung

89 .... *Mein Pferd — mein Spiegel*

93 .... *Fazit*
95 .... *Danke*

„Wir haben eigent-
lich nichts zu
fürchten — außer
der Furcht selbst!"

- Martin Luther King -

VORWORT

Mit Leichtigkeit und einer Präsenz, die ihresgleichen sucht, schwebt Shadow durch den Showring. Er tanzt und ist mit Leib und Seele bei der Sache. Die knapp 2000 Zuschauer um uns herum nehmen wir beide nur als positive Energie wahr, wir sind völlig aufeinander konzentriert, und ich spüre, wie sich das innere Lächeln – wie wir es beim Qi Gong nennen – in mir breit macht. Am Ende der Show lege ich Shadow inmitten der Arena ab und er legt seinen Kopf in meinen Schoß. Mein Mann Ingo holt einige große und kleine Shadow-Fans aus dem Publikum. Sie setzen sich zu uns und streicheln den völlig entspannten Shadow in der Mitte der Arena. Er genießt die Aufmerksamkeit, die er mittlerweile zu brauchen scheint wie die Luft zum Atmen.

Würden Sie mir glauben, dass dies dasselbe Pferd ist, das einst seinen Namen „Shadow" erhielt, weil es tatsächlich Angst vor seinem eigenen Schatten hatte? Dass dies dasselbe Pferd ist, das im Gelände beim Flügelschlag eines Schmetterlings die nächsten zehn Kilometer im Renngalopp panisch davonschoss und nicht kontrollierbar war? Dass dies dasselbe Pferd ist, das durch eine traumatische Erfahrung in seiner dunklen Vergangenheit eigentlich Herzrasen bekommt, wenn es eine Halle nur von außen sieht?

Und doch: Es ist dasselbe Pferd. Shadow zeigt mir und allen Menschen, dass es – gleich wie traumatisch, chaotisch und dunkel die Vergangenheit eines Pferdes gewesen sein mag – immer die Hoffnung gibt, aus den Klauen der Angst doch noch zu entkommen und das Leben erneut zu genießen.

Oder nehmen Sie meinen liebenswerten, extrem selbstbewussten Hengst Blues Starlight. Wer ihn schon auf den Turnieren oder auf Messen und Shows gesehen hat, der wird überzeugt sein, dass dieses Pony durch nichts aus der Ruhe zu bringen ist.

Würden Sie mir glauben, dass dies dasselbe Pony ist, das im Alter von drei Jahren panische Angst vor einer neuen Sitzbank am Rande des Reitplatzes hatte?

Würden Sie mir glauben, dass ich selbst weiß, wie es sich anfühlt, wenn die Angst das ganze Denken lähmt, den Körper regelrecht zerstört? Durch meine eigenen Erfahrungen mit diesem Thema lernte ich, Wege aus der Angst heraus zu finden: Dadurch, dass sie meinen Pferden halfen, haben sie auch mir selbst geholfen! Ich hoffe, dass dieses Buch auch Ihnen und Ihrem Pferd hilft, einige Angstsituationen besser zu verstehen und dagegen anzugehen.

„Es gibt keine Grenzen. Nicht für den Gedanken, nicht für die Gefühle. Die Angst setzt die Grenzen.“

- Ingmar Bergman -

PFERD UND MENSCH – EIN GEGENSATZ

Erst rennen, dann denken – so erscheint uns Menschen häufig die Reaktion unserer Pferde auf Ausnahmesituationen. Und dieser urtümliche Schutzreflex des Pferdes kann das Zusammenleben mit ihm enorm schwer oder sogar gefährlich machen.

Doch wieso reagieren Pferde bei Angst auf den ersten Blick ganz anders als wir Menschen? Der Hauptunterschied liegt in der Evolution beider Arten und in ihrem Platz in der Nahrungskette. Menschen sind von der Natur als Allesfresser vorgesehen. Mit der Fähigkeit, Fleisch zu konsumieren, entstanden auch spezielle Denk- und Verhaltensmuster, die von denen eines reinen Pflanzenfressers sehr abweichen.

Und da liegt das Hauptproblem beim Zusammenleben und Umgang mit unseren Pferden. Denn das Pferd reagiert in Extremsituationen nach seinem genetischen Programm mit Flucht, während unser Verhalten in extremen Situationen deutliche Raubtiermerkmale aufweist: Das Pferd erkennt „seinen" Menschen nicht mehr wieder und sorgt dafür, eine möglichst große Distanz zwischen das Raubtier Mensch und das Fluchttier Pferd zu bringen.

Verdeutlichen wir diesen „Artenkonflikt" an einer jedem Pferdebesitzer bekannten Situation: Das Pferd nimmt irgendetwas wahr und scheut, während wir es führen. Es springt scheinbar „aus heiterem Himmel" nach vorne, rechts, links oder hinten und macht sich fluchtbereit. Leider reagieren wir Menschen meist nach dem Instinktprogramm so, als wollte Beute vor uns wegrennen: Wir halten den Strick noch fester, gehen auf das Pferd zu, spannen unsere Muskeln an, fixieren das Pferd mit dem Blick und versuchen, es mit reiner Körperkraft so dicht wie möglich bei uns zu halten oder sogar anzufassen.

Warum machen wir das? Wir wissen doch eigentlich, dass wir das Pferd so nicht bremsen können, oder? Aber unser Verstand schafft es kaum, unsere Instinktprogramme zu überlagern. Das Pferd sieht in unserer Reaktion aber Unsicherheit und im schlimmsten Fall ein Raubtierverhalten: Dann flieht es.

Die Kunst im vertrauensvollen Zusammenleben beider Arten besteht aber nicht darin, diese uns von der Natur mitgegebenen Verhaltensmuster bekämpfen zu wollen. Meist bedarf es nur kleiner Anpassungen unseres Verhaltens und einiger Denkanstöße für das Pferd, um doch einen gemeinsamen Weg zu finden.

„Furcht ist eine Fackel, aber eine ungeheure; deswegen suchen wir alle nur blinzelnd so daran vorbeizukommen, in Furcht sogar, uns zu verbrennen."

- Johann Wolfgang von Goethe -

WIE HABEN PFERDE ANGST?

Die Mechanismen der Angst dürften bei allen Säugetieren ähnlich sein, auch wenn sie unterschiedlich auf die Angst reagieren. Denn nicht alle Pflanzenfresser reagieren mit Flucht. Der Esel zum Beispiel verfällt eher in eine Angststarre – obwohl auch er zu den Equiden gehört. Doch er stammt aus Gebirgen und Steinwüsten. Hier wäre eine schnelle Flucht in der Regel unmöglich, und durch sein meist graues Fell hat er die besten Chancen, mit dem Hintergrund zu verschmelzen und sich so vor den Augen der Raubtiere zu verbergen, wenn er sich nicht bewegt.

Ist Angst gleich Flucht?

Auch bei den Pferden selbst unterscheidet sich das Fluchtverhalten stark aufgrund der Herkunft und der Geschichte ihrer Rasse. Pferde- und Ponyrassen, die auf das Urwaldpferd zurückzuführen sind und/ oder aus felsigem Gebiet stammen, überlegen viel genauer, ob sie wirklich losrennen. Dies bezeichnet man leider oft fälschlich als Faulheit oder Sturheit; es ist aber das Gegenteil: Ein Haflinger, Isländer, Mérens, Camargue oder Shetlandpony muss genau überlegen, wo es seine Beine

wie hinstellt, da in seiner Heimat ein Fehltritt schwere Verletzung oder den Tod bedeuten könnte. Beim Ausbilden solcher Pferde stellt sich oft die Herausforderung, diese sehr charaktervollen Individuen überhaupt davon zu überzeugen, sich in der von Menschen gewünschten Form zu bewegen.

Aber auch diese genetisch vom Waldpferd abstammenden modernen Pferde oder Ponys reagieren letztlich auf eine Angstsituation mit Flucht. Und wenn sich diese Arten dann doch dazu entscheiden loszurennen, gibt es oft kein Halten mehr!

Pferderassen, die auf das Steppenpferd zurückzuführen sind, sind in dieser Hinsicht das, was wir heißblütig nennen: Sie fliehen viel eher und sind schneller erregbar als das Waldpferd. Das kann in der Ausbildung solcher Pferde Fluch und Segen zugleich sein. Durch ihren größeren Bewegungsdrang und ihre geringen Hemmungen, sich schnell und in alle Richtungen zu bewegen, lernen sie meist schnell. Allerdings sind sie auch leicht erregbar und ablenkbar, was das Training mental für den Menschen anstrengend macht. Der Vorteil ist – insbesondere bei den mehr oder minder direkten Abkömmlingen des Steppenpferdes, den Achal-Tekkinern und den arabischen Pferderassen –, dass diese sich genauso schnell wieder abregen, wenn der Mensch sich im Griff hat.

In manchen modernen Rassen konnten die Eigenschaften beider Urpferdetypen sehr gut kombiniert werden, beispielsweise bei den Westernpferderassen Quarter Horse und Quarter Pony oder auch bei den spanischen Pferderassen, die zum einen arabisches Blut führen, aber auch das Blut der Berberpferde und Sorraias – beides eher Gebirgspferderassen. Durch Selektion und Zucht ist es heutzutage möglich, das Beste beider Welten herauszusuchen und umgängliche, coole und dennoch sensible Pferde zu erschaffen. Aber die Natur lässt sich nie ganz austricksen und wir können mit jedem Pferd vor den in diesem Buch genannten Problemen stehen.

Doch gleich welches Problem sich Ihnen mit Ihrem Pferd auch stellen mag – schauen Sie immer mal ein wenig auf dessen genetischen und evolutionären Hintergrund. Manche Verhaltensweisen erklären sich dann fast von selbst und es fällt viel leichter, eine passende Lösung zu finden!

Was geschieht bei Angst im Körper?

Angst beim Pferd ist – wie auch bei uns Menschen – nichts weiter als ein Schutzreflex der Natur, der es vor Schaden bewahren soll. Hierbei sollte man beim Pferd zwischen instinktiven Ängsten – beispielsweise die Angst vor Engpässen, dunklen Räumen oder Raubtieren – und

erfahrungsbedingten Ängsten – zum Beispiel körperliche und geistige Gewalt durch den Menschen oder Schmerzen beim Gerittenwerden – unterscheiden. Die instinktgesteuerten Ängste treten meist plötzlich auf und verschwinden ebenso schnell wieder: Ein Pferd sieht ein bellendes Hunderudel auf sich zukommen und rennt weg. Sind die Hunde weg, ist sofort alles wieder gut. Erfahrungsbedingte Ängste gehen oft einher mit einem Trauma und großer seelischer Belastung für das Pferd. Solche Ängste sind meist schwer zu lösen und man sollte sich nicht scheuen, die Hilfe eines Profis in Anspruch zu nehmen.

Die chemischen und körperlichen Prozesse im Körper des Pferdes jedoch dürften bei beiden Ängsten ähnlich sein und unterscheiden sich kaum von denen beim Menschen:

- Die Angst wird durch einen externen Reiz ausgelöst.
- Adrenalin wird in die Blutbahn entlassen, um den Körper bereit zu machen.
- Das Adrenalin sorgt für eine Erweiterung der Gefäße, damit für mehr Sauerstofftransport und so für mehr Kraft für Flucht oder Angriff.
- Die Muskeln spannen sich und bereiten sich auf die Flucht vor. Dieses Vorbereiten der Muskeln kann sich auch in einem „Tänzeln" des Pferdes äußern, also kurzen, schnellen Bewegungen, die in wenigen Sekunden dafür sorgen, dass alle Muskeln des Bewegungsapparates blitzschnell aktiviert werden.

Wenn das Pferd wirklich in Panik gerät, findet es auch Mittel und Wege, der Gefahr zu entgehen.

- Die Umgebung wird genau und schnell nach dem besten Fluchtweg sondiert. Deshalb nimmt jedes Pferd, das fliehen will, den Kopf hoch!
- Der Darm kann sich entleeren. Das kann auch nach der Flucht der Fall sein, und auch Pferde, die im Training Stress haben, äpfeln öfter und weicher als normalerweise.
- Das bewusste Denken setzt aus und der Instinkt übernimmt die Steuerung. Deshalb erkennen Pferde bei einer Flucht meist den Menschen auf ihrem Rücken nicht mehr. Im Instinktprogramm ist der Mensch meist nur als Mitwesen oder als Raubtier abgelegt. Man muss schon ein sehr guter Alpha sein, wenn einen das Pferd auch während einer Flucht als Alpha erkennt und die Flucht abbricht.

Sieht jedoch ein Pferd in einer Angstsituation nicht die Möglichkeit zu fliehen, so kann es auch sein, dass es sich der Gefahr stellt. Dies sind dann die Situationen, die für uns Menschen lebensgefährlich werden können. Denn ein panisches Pferd, das um sich beißt und schlägt, ist in dieser geistigen Verfassung kaum noch ansprechbar und man kann hier jedem Nicht-Profi nur raten, Abstand zu halten.

Leider ist uns in solchen Situationen auch unser Raubtierprogramm wieder im Weg. Denn jetzt sehen wir das Pferd nicht mehr als eine Form der Beute, sondern als Bedrohung. Und dann können wir wiederum mit unserem eigenen Angstprogramm auf zwei Arten reagieren: Flucht/Rückzug oder Konfrontation/Angriff.

„Vertrauen gibt
dem Gespräch mehr
Stoff als der Geist."

- François de La Rochefoucauld -

DIE ARTEN DER ANGST

Auch Pferde können unterschiedliche Ängste haben. Man sollte sie nicht auf die reine Instinktebene reduzieren. Meiner persönlichen Erfahrung nach fühlen Pferde genau wie wir Freude, Angst, Schmerz und Trauer. Und die Arten ihrer Ängste sind so vielseitig wie bei uns Menschen.

Erschrecken

Dies ist wohl die häufigste Angstvariante, mit der wir uns beim Umgang mit unseren Pferden konfrontiert sehen. Ob der knatternde Traktor, das Hupen eines Autos oder der neue Blumenkübel am Rand des Reitplatzes – Möglichkeiten zu erschrecken haben Pferde in der modernen Zivilisation genug.

Das Erschrecken selbst ist – wie bei uns Menschen – ein reiner Reflex, gegen den weder wir noch das Pferd ankommen können. Das Erschrecken selbst können wir also nicht verhindern, aber wir sind in der Lage zu beeinflussen, ob daraus ein Fluchtreflex oder eine längere Angst resultiert: Denn das Erschrecken – ein Stocken des Pferdes oder ein Hüpfer – bereitet das Pferd körperlich und geistig nur auf Flucht oder Angriff vor. Zu einem Problem wird es erst dann, wenn wir uns in dieser „Schreck-

sekunde" des Pferdes falsch verhalten und die nächste Stufe auslösen: den Fluchtreflex.

Fluchtreflex

Der Fluchtreflex folgt meist direkt auf das Erschrecken. Das Pferd sucht sein Heil in der Flucht: Dafür hat die Natur ihm Ausdauer und Geschwindigkeit mit auf den Weg gegeben. Doch zwischen dem Erschrecken und dem Fluchtreflex liegen oft einige wertvolle Sekunden, in denen das bewusste Denken wieder einsetzt. Das Pferd wägt nun ab, ob es wirklich fliehen muss. Hierbei orientiert es sich sehr stark an seinem Herdenchef. Und im Idealfall sind wir das! Wenn wir also beim Erschrecken des Pferdes richtig reagieren, die Ruhe bewahren und Sicherheit vermitteln, so wird es zwar weiterhin nervös sein, bis die augenscheinliche „Gefahr" vorbei ist, aber es wird nicht wegrennen. Da uns das aber leider häufig nicht gelingt, entscheidet sich das Pferd doch zur Flucht.

Doch rennen Pferde wirklich kopflos ewig durch die Gegend? Nein, sie fliehen nur vor der Gefahr. Ist diese statisch, bringt das Pferd nur ein paar hundert Meter zwischen sich und die Bedrohung. Bei sich bewegenden Dingen sieht das schon anders aus: Alles, was sich bewegt, ist in den Augen des Pferdes etwas Lebendiges und kann somit auch potenziell ein Angreifer sein. Daher wird es hier seinen Fluchtreflex viel heftiger durchleben als bei einem statischen Gegenstand.

Jedes Raubtier jagt seine Beute nur über eine bestimmte Distanz, die meist bei maximal zwei bis drei Kilometern liegt. Danach steht der Aufwand, die Beute zu erlegen, in keinem Verhältnis mehr zur Energieausbeute beim eventuellen Jagderfolg. Die Beute wird dann sozusagen zu „negativen Kalorien" und das Raubtier bricht ab, um seine Kräfte zu sparen. So hat die Natur es auch eingerichtet, dass ein

gesundes Beutetier immer eine Chance hat, seinen Angreifern zu entkommen. Denn einem gesunden Pferd fällt ein Galopp über bis zu fünf Kilometer nicht sonderlich schwer, wenn es seine Muskeln täglich auf der Weide im Spiel mit den Artgenossen fit halten kann.

Doch manchmal kommt es anders: Folgt zum Beispiel ein Auto dem Pferd auf längere Distanz oder ist der Mensch auf seinem Rücken der Auslöser der Angst, flieht das Pferd weiter als die gewohnte Distanz, weil die Gefahr nicht zurückbleibt. Das ist der Moment, in dem der natürliche Fluchtreflex der Panik weicht. Jetzt wird es für das Pferd selbst und sein Umfeld ernsthaft gefährlich.

Die erste Schrecksekunde kann man nicht verhindern. Es ist eine Frage des Vertrauens, wie es danach weitergeht.

Panik

Wenn ein Pferd in Panik gerät, ist es meist nicht mehr ansprechbar, da das bewusste Denken völlig ausgeschaltet ist. Dies sind auch die Situationen, in denen Pferde sich selbst in noch größere Gefahr bringen als die, vor der sie geflohen sind. Jetzt rennen sie nur noch weg und es wird sehr schwierig, sie aus der Panik herauszuholen. Ein Patentrezept dafür gibt es nicht. Bei einem Pferd funktioniert das gute Zureden noch, bei einem anderen hilft nur ein heftiger Klaps. In jedem Fall ist es wichtig, eine Musterdurchbrechung zu erzielen, die das Pferd aus der Panik herausholt.

Diese Musterdurchbrechung kann eine Übung sein, die das Pferd fast schon reflexhaft beherrscht und die es wieder in die Realität holt. Sehr hilfreich ist es in solchen Situationen, wenn das Pferd von klein auf gelernt hat, auf ein bestimmtes Stimmsignal immer und überall prompt anzuhalten – beispielsweise auf „Whoa!". Aber auch dieser eintrainierte Reflex funktioniert nur, wenn das Signal auf die gleiche Art und in der gleichen Ruhe gegeben wird, wie zuvor hunderte Male im Training. Schon die kleinste Schwankung in der Stimme kann das Pferd jetzt noch mehr verunsichern und die Panik verstärken.

Sonderfall: Trauma und Phobie

Können Pferde Phobien entwickeln? Sicherlich gibt es wissenschaftliche Studien dafür und dagegen. Eine Phobie entsteht jedenfalls meist aus einer länger anhaltenden Angst oder einem oder mehreren traumatischen Erlebnissen. Shadow beispielsweise leidet an einer Hallenphobie. Wobei ich es auch heute – nach 15 gemeinsamen Jahren – noch nicht genau einschätzen kann, warum diese Phobie nur in gewissen Hallen ausgelöst wird. Daher waren Messeauftritte mit Shadow immer eine Glückssache. Entweder er fühlte sich in der Messehalle sofort wohl und legte sich dann auch hin – egal ob vor 100 oder 1000 Zuschauern. Oder er war kaum dazu zu bewegen, die Halle zu betreten. Wenn Shadows Phobie durchkam, dann wurde er plötzlich steif wie ein Brett, hielt die Luft an und war geistig nicht mehr da. Der Auslöser seiner Hallenphobie war ein traumatisches Erlebnis in seiner Jugend bei einem seiner leider zahlreichen Vorbesitzer. Es ist mir zwar mit den Jahren gelungen, ihn in Paniksituationen so weit zu beruhigen, dass er nicht völlig panisch wurde, aber dieses tief verwurzelte Trauma wird wohl nie ganz verschwinden.

Daher ist mein eindringlicher Rat: Wer ein Pferd mit einer ernsthaften Phobie hat, sollte sich professionelle Hilfe suchen, aber nicht erwarten, dass die Phobie geheilt werden kann. Sie können nur das Trauma, das Ihr Pferd erlebt hat, durch viele positive Erlebnisse in ähnlichen Situationen überlagern. So halfen Shadow gerade die Messeauftritte in all den Jahren und die Anerkennung und Zuneigung der Zuschauer, seine Hallenphobie besser in den Griff zu bekommen.

„Angst haben wir alle. Der Unterschied liegt in der Frage: wovor?"

- Frank Thieß -

URSACHEN UND BEWÄLTIGUNG DER ANGST

Angeborene Angst

Ängste können angeboren sein, beispielsweise die Angst vor großen Höhen, Engpässen oder Raubtieren. Hier greift das Instinktprogramm des Pferdes, das genetisch im ihm verankert ist. Dies ist jedoch der kleinste Teil der Ängste. Meiner eigenen Erfahrung nach sind über die Hälfte der Ängste eines Pferdes anerzogen oder antrainiert. Und dagegen kann man etwas unternehmen!

Anerzogene Angst durch Mutterstute und Herde

Wer schon einmal ein neugeborenes Fohlen gesehen hat, weiß, dass es zunächst angstfrei durch das Leben geht. Angst und Scheu sind in großem Maß anerzogen und hängen vom Verhalten der Mutterstute und der kompletten Herde ab. Eine gewisse genetische Veranlagung besteht auch, aber die artgerechte und ruhige Aufzucht mit möglichst vielen Umweltreizen entscheidet maßgeblich darüber, ob man später ein selbstbewusstes Pferd oder einen Angsthasen hat.

Wenn die Mutterstute beispielsweise immer vor einem bestimmten Baum, Traktor oder Blumentopf erschrickt und wegrennt, wird das Fohlen das Verhalten der Mutter imitieren. Es wird zeitlebens Traktoren oder Bäume mit etwas Negativem, mit Angst, verbinden. Doch auch Fohlen, die mit wenigen Umweltreizen großwerden müssen, entwickeln große Ängste, da sie sich nie mit angsteinflößenden Situationen konfrontieren mussten und auch nie sahen, wie die älteren Pferde in der Herde solche Situationen meisterten.

Daher ist es fraglich, ob es immer gut ist, Fohlen nach dem Absetzen nur in Herden mit Gleichaltrigen aufwachsen zu lassen. Idealerweise sollten in einer „Teenie-Truppe" immer einige erfahrene erwachsene Pferde mit dabei sein, die den Youngstern zum einen die Regeln des Herdenlebens beibringen und ihnen zum anderen zeigen, wie man auf Angst, Stress und andere Gefühlsregungen angemessen reagiert.

Die Charakterzüge und das Angstverhalten der Mutterstute gehen zum großen Teil auf das Fohlen über.

Antrainierte Angst durch den Menschen

Doch auch wir Menschen trainieren unseren Pferden manchmal unbeabsichtigt Ängste an. Ein Beispiel: Das Pferd hört in der Halle ein Knacken in der Bande und scheut. Wir sind darauf nicht gefasst, fallen unsanft herunter und haben seither auch ein flaues Gefühl im Magen an dieser „Scheustelle". Das Pferd spürt unsere Anspannung und bekommt irgendwann selbst Angst an dieser Stelle. Hierbei erleben wir auch das Phänomen der self-fulfil-

ling prophecy. Sprich, wir denken nur daran, dass etwas schiefgehen könnte, und unser ganzer Körper stellt sich insgeheim darauf ein, dass es auch passiert. Das Pferd spürt die Veränderung bei uns und übernimmt unsere Angst. Dadurch spannen wir uns noch mehr an und eine Spirale der Angst beginnt, die oft nur noch sehr schwer zu durchbrechen ist.

Meist muss es nicht etwas so Gravierendes sein wie ein Sturz wider Willen, um eine Angst entstehen zu lassen. Oft sind es nur Fehlinformationen oder gefährliches Halbwissen. Muss in der Reithalle immer Totenstille sein, wenn geritten wird? Wie sollen sich die Pferde dann an Geräusche gewöhnen, wenn sie immer in absoluter Stille gearbeitet werden? Natürlich erschrickt ein Pferd vor einem Regenschirm im Publikum, wenn man zu Hause immer alles darangesetzt hat, dass es nie einen sieht. Natürlich gerät es beim Applaus der Siegerrunde in Panik, wenn es dieses Geräusch noch nie gehört hat.

Ein anderes Beispiel aus diesem Sektor ist das ständige Halten der Zügel auf Spannung. Wir hoffen, dass das Pferd nicht scheuen wird, wenn es sich nicht umschauen kann. Aber das ist ein Irrtum! Wenn es erschrickt und den Kopf nicht in die Richtung der Gefahr wenden kann, wird die Angst noch schlimmer.

Vertrauen ist keine Einbahnstraße, ebenso wenig wie Angst! Wenn wir unserem Pferd nicht trauen, wird es uns auch nie ganz vertrauen. Wenn wir Angst haben, dann wird unser Pferd dies spüren und unsicher werden.

Je entspannter der Mensch, desto entspannter das Pferd.

Wenn wir uns gemeinsam den Ängsten stellen, können wir daran wachsen.

Sollten Sie häufiger mit Angst und Panik in Ihrem Leben zu tun haben und vor allem bemerken, dass die Angst sich immer weiter ausbreitet, dann rate ich Ihnen dringend, die Hilfe eines Fachmanns hinzuziehen. Sonst besteht die Gefahr, in eine Depression zu „rutschen", ohne es zu bemerken. Und heute gibt es viele Möglichkeiten, wieder zu innerer Ruhe und Ausgeglichenheit zu gelangen – ob das die kognitive Verhaltenstherapie der klassischen Psychologie ist oder die traditionellen Entspannungsmethoden Yoga, Tai-Chi oder Qigong. Und wenn Sie selbst diese innere Ruhe und ein gewisses Selbstvertrauen gefunden haben, können Sie auch andere anleiten, diesen Weg zu beschreiten – so auch Ihr Pferd!

Weitere Informationen zum Thema Angst finden Sie in meinem Buch *Selbstbewusst mit Pferden* (Cadmos 2011).

* Achte auf Deine Gefühle, denn sie werden zu Deinen Gedanken.
* Achte auf Deine Gedanken, denn sie werden zu Worten.
* Achte auf Deine Worte, denn sie werden zu Handlungen.
* Achte auf Deine Handlungen, denn sie werden zu Gewohnheiten.
* Achte auf Deine Gewohnheiten, denn sie werden Dein Charakter.
* Achte auf Deinen Charakter, denn er wird Dein Schicksal.
  (aus dem Talmud)

Arten der Angstbewältigung

Es gibt verschiedene Arten, mit Ängsten umzugehen, sie zu besiegen oder sie erst gar nicht aufkommen zu lassen. Wir Menschen verleugnen Ängste oft und gerne, da wir sie als Schwäche ansehen. Ein Pferd hingegen verleugnet seine Angst nicht, es zeigt sie sehr deutlich. Pferde können dabei sehr gut differenzieren. So wird zum Beispiel ein Pferd, das große Angst vor seinem Reiter hat, nicht wirklich scheuen, wenn es etwas Angsterfüllendes sieht, da seine Angst vor der Reaktion des Menschen dann größer ist als die Angst vor dem Gegenstand. Besser jedoch, als dem Pferd Angst vor unserer Reaktion auf seine Angst zu machen, ist es, ihm Wege zu zeigen, wie es seine Ängste selbst und auch mit unserer Hilfe bewältigen kann.

IMITATION UND KUMPELPFERD

Pferde lernen extrem viel voneinander durch Abschauen und Imitieren von Verhalten. Dies kann man sich auch bei der Angstbewältigung zunutze machen, indem man ein erfahrenes, in der entsprechenden Situation nicht ängstliches Pferd beim Training hinzuzieht. Mit diesem Pferd zeigt man dem „Angsthasen", wie der Angstgegenstand sicher überwunden, passiert oder betreten werden kann. Man kann auch den Herdentrieb nutzen, indem das erfahrene Pferd vorausgeht und das ängstliche Pferd mehr oder minder „mitzieht". Dieses Angsttraining erweist sich zum Beispiel sehr effektiv bei Hängertraining, Geländeritten und Engpassüberwindungen.

AKTIV ODER PASSIV BEWÄLTIGEN

Bei der **aktiven Angstbewältigung** wird das Gehirn des Pferdes bis zu einem gewissen Punkt umprogrammiert. Es lernt aktiv, auf seine Angst – meistens einen Gegenstand – zuzugehen. Dadurch wird der Fluchtreflex quasi überschrieben – vor allem in dem Moment, in dem das Pferd vor dem Angstgegenstand steht und dieser durch einen zweibeinigen Helfer mit einem Male sozusagen „vor dem Pferd Reißaus nimmt". Das Pferd lernt so, dass, wenn es auf die Angst zugeht, diese kleiner und stiller wird und am Ende sogar ihm ausweicht. Somit wird der Fluchtreflex durchbrochen, da das Pferd in der Natur nicht auf ein Raubtier zugehen würde und ein Raubtier nie vor seiner Beute wegrennt.

Diese Methode ist sehr hilfreich bei besonders ängstlichen und introvertierten Pferden, da sie durch das selbstständige Bewältigen der Angst auch ungemein an Selbstbewusstsein gewinnen. Ein gutes Beispiel ist das Fußballspielen mit dem Pferd, da es hier den Ball vor sich herjagt.

Bei der **passiven Angstbewältigung** lässt das Pferd sich von seinem Menschen – seinem Alpha und auch Freund – den Angstgegenstand entgegenbringen und lernt durch ständiges Wiederholen von Berührungen oder Bewegungen des Angstgegenstandes, dass dieser nicht wirklich gefährlich ist. Bei dieser Methode ist es besonders wichtig, dass wir als Alpha uns unseres Selbst ganz sicher sind und alle Bewegungen ruhig und entspannt ausführen, da das Pferd unser Verhalten kopieren wird.

Diese Methode eignet sich besonders für Pferde, die zum Losstürmen neigen. So lernen sie, dass man in Gegenwart des Alphas ruhig erst einmal alles auf sich zukommen lassen kann. Diese Methode kann das Vertrauen des Pferdes in seinen Menschen sehr stärken.

„Die Ältesten werden Mut unterstützen, wo Angst ist, Einigungen beflügeln, wo Konflikt ist, Hoffnung bringen, wo Verzweiflung ist."
– Nelson Mandela –

Shadow und Karin lernten voneinander und miteinander, sich ihren Ängsten zu stellen und sie zu bewältigen.

Reflexionen der Angst

Wenn man sich diesen Spruch wirklich zu Herzen nimmt, so stellt sich unweigerlich die Frage: Spiegelt das Pferd „nur" meine eigenen Ängste? Wenn ich durch eine schlechte Erfahrung beispielsweise Angst vor einem Galopp im Gelände habe, sende ich dem Pferd dann unbewusst Signale der Angst, die es aufnimmt und spiegelt? Denn es orientiert sich an mir als seinem Alpha, nimmt meine eigene Angst wahr und reagiert darauf selbst mit Anspannung und Fluchtbereitschaft. Meist löst dies eine ungewollte Kettenreaktion zwischen Pferd und Mensch aus, in der sich die Angst gegenseitig nur noch verstärkt und ein unschönes Eigenleben entwickelt.

Das Pferd ist
Dein Spiegel.
Es schmeichelt Dir nie.
Es spiegelt Dein
Temperament.
Es spiegelt auch
Deine Schwankungen.
Ärgere Dich nie
über Dein Pferd;
Du könntest Dich
ebenso über Deinen
Spiegel ärgern.

- Rudolf G. Binding -

Aber woran erkenne ich, dass die Angst von mir kommt? Hier folgt eine kleine Checkliste mit körperlichen Anzeichen von Angst beim Menschen. Wenn Sie sich mit Ihrem Pferd in einer Angstsituation befinden, können Sie sich mit dieser Liste erst einmal selbst prüfen, ob Sie nicht ungewollt dem Pferd noch zusätzlich Angst suggerieren:

- kürzere Atemfrequenz
- Beklemmungsgefühl in der Brust
- erhöhter Herzschlag
- Rauschen in den Ohren
- klamme Hände und kalte Füße, da der Körper das Blut zum Zentrum zieht
- leicht nach vorne gebückte Haltung
- Muskelspannung, hauptsächlich Rücken und Beine (Fight-or-Flight-Reflex)
- subjektiv gefühlt, verlangsamt sich die Zeit
- unruhige Beine, zappelig (Restless-Legs-Syndrom)
- Gedanken kreisen nur noch um die Angst, kein rationaler Gedanke wird zugelassen

Wenn Sie von diesen zehn Punkten auch nur drei erfüllen, strahlen Sie für Ihr Pferd schon eine ordentliche Portion an Angst aus.

Leider können wir unsere Gefühle – also die Angst – nicht direkt mit unserer Willenskraft beeinflussen. Es gibt jedoch ein paar Möglichkeiten, über bestimmte Körperübungen die Angst in akuten Situationen zu mildern:

- Machen Sie fünf Atemzüge. Dabei zählen Sie beim Einatmen mindestens bis vier und beim Ausatmen dann innerlich bis sechs. Bitte halten Sie das genau ein, da sonst die Sauerstoffsättigung zu hoch wird und man genau den gegenteiligen Effekt erzielt.

- Öffnen und schließen Sie bewusst Ihre Hände, um eventuelle Spannungen zu reduzieren.

- Nehmen Sie Zeige- und Mittelfinger einer Hand, legen Sie diese in die Handfläche der anderen Hand und umschließen sie fest mit den Fingern. Halten Sie das zehn Sekunden. Dann wechseln Sie die Hand. Dies ist eine Übung aus dem indischen Mudras – auch genannt das „Finger Yoga" –, das eine beruhigende Wirkung haben soll.

- Wenn Sie merken, dass Sie trotz allem nicht aus der Angst herauskommen, übergeben Sie das Pferd jemand anderem und distanzieren Sie sich ein wenig von ihm. Sie müssen erst selbst zur Ruhe kommen, ehe Sie Ihrem Pferd wieder eine Hilfe sein können.

- Die sogenannten Rescue-Tropfen aus der Bachblüten-Therapie wirken auch bei Menschen sehr gut und schnell. In einer akuten Situation nehme ich selbst alle 20 bis 30 Minuten fünf Tropfen direkt unter die Zunge, bis die Angstphase abklingt.

- Sich einzureden, keine Angst zu haben, funktioniert nicht! Das verstärkt im Gegenteil nur die Angst- und Panikattacken noch weiter. Nehmen Sie Ihre Angst als Teil Ihres Selbst an, setzen Sie sich aktiv damit auseinander und lassen Sie die Angst auch zu!

„Nur ein Mensch,
der Selbstvertrauen
hat, kann das
Vertrauen anderer
erwerben.“

- Vera F. Birkenbihl -

ANGST VOR BERÜHRUNG

Kennen Sie das auch? Es gibt Menschen, in deren Nähe fühlen Sie sich von Anfang an pudelwohl und sicher. Und es gibt Menschen, bei denen Sie einfach nur froh sind, wenn sie Ihre persönliche Wohlfühldistanz nicht unterschreiten.

So geht es unseren Pferden auch. Doch warum ist das so? Wir unterscheiden uns nicht nur in unserem Äußeren, sondern auch in dem, was im Allgemeinen Aura genannt wird: Jedes Muskelzucken, jeder Gedanke, den wir haben, erzeugt elektromagnetische Impulse, die uns dann umgeben. Die Formulierung: „Auf einer Wellenlänge sein", kommt also nicht von ungefähr.

Die Sache mit der Aura

Doch welche Auren sind uns und unseren Pferden angenehm? Im Laufe meiner Jahre mit Pferden habe ich die Beobachtung gemacht, dass sich die Vorlieben zwischen Pferd und Mensch nicht so sehr unterscheiden: Ruhige Menschen, die in sich zu ruhen scheinen, eine freundliche Ausstrahlung haben und von sich selbst überzeugt sind, ohne überheblich zu wirken, scheinen beide Arten regelrecht anzuziehen. Daher ist es keine große Magie, wenn große Pferdeflüsterer wie Monty Roberts, Jean François Pignon, Ray Hunt, Steve Harris oder Heinz Welz binnen weniger Sekunden ein Pferd mit scheinbar unsichtbaren Fäden lenken können.

Worauf Pferde und Menschen gleichermaßen mit Ablehnung zu reagieren scheinen, sind Menschen, deren Haltung und Aura Unruhe, Unsicherheit oder auch ein zu starkes Machtgehabe ausstrahlen. Wenn Ihr Pferd sich nicht gerne von gewissen Menschen anfassen lässt, heißt das nicht gleich, dass es vor jeglicher Form von Berührung Angst hat. Vielleicht schwingt es mit dem entsprechenden Menschen einfach nicht auf der gleichen Wellenlänge.

Ein gut gemeinter Klaps und seine fatalen Folgen

In der Reitschule hatte ich schon als Kind gelernt, wie man ein Pferd nach damaliger Auffassung „richtig" lobt: Man schlage ihm mit der flachen Hand möglichst schwungvoll mehrfach auf den Hals und sage mit lauter Stimme: „Brav". Wie groß war da mein Erstaunen, als ich das bei Shadow versuchte, und er mir völlig empört in die Hand biss.

Der gut gemeinte „Schulterklopfer", den wir Menschen zelebrieren, ist ein Lob, das das Pferd nicht versteht. Oder haben Sie schon mal gesehen, dass ein Pferd dem anderen aus lauter Freude oder Anerkennung den Huf auf die Schulter haut? Das ist eher ein Angriff als ein Lob!

Pferde untereinander zeigen ihre Zuneigung, indem sie sich gegenseitig kraulen. Jedes Pferd hat eine Stelle, an der es besonders gerne gestreichelt oder gekratzt wird. Es liegt nun an Ihnen herauszufinden, wo und wie Ihr Pferd gelobt werden möchte. Für Shadow gibt es beispielsweise nichts Schöneres, als kräftig den Widerrist gekratzt zu bekommen. Mein Hengst Starlight hingegen – nach außen hin das Selbstbewusstsein in Person – mag lieber zum Lob den Kopf an meinen Bauch drücken und an der Stirn gekrault werden, aber bitte ganz langsam und vorsichtig.

Pferde mögen zwar angenehme Berührungen – aber auch hier kann ein Zuviel schnell lästig und sogar unangenehm werden. Und ein am Putzplatz angebundenes Pferd kann sich ebenso wenig entziehen wie das Pferd unter dem Sattel.

Daher an dieser Stelle meine Bitte an alle Pferdefreunde: Schaut bei fremden Pferden nur mit den Augen.

Stufenweises Gewöhnen an Berührung

Leider gibt es auch Pferde, die sich aus unterschiedlichen Gründen nicht gerne anfassen lassen. Diese Pferde sollte man in Ruhe und ohne körperlichen oder mentalen Druck an das Streicheln und später auch an das Putzen gewöhnen:

- Kontaktaufnahme auf Pferdeart: Schulter zudrehen und Handrücken zeigen, damit das Pferd Ihren Geruch aufnehmen und entscheiden kann, ob es Sie „riechen kann" oder eher nicht.
- Wenn das Pferd Kontakt aufnimmt, streichen Sie langsam nur *ein* Mal über den Hals – mehr nicht. Die Berührung soll für das Pferd zielgerichtet und angenehm sein.
- Duldet das Pferd das Berühren am Hals, streichen Sie mit der Hand weiter nach hinten – über den Rücken und später über die Rippen.
- Die Hinterhand und der Bauch sind oft etwas schwierig und man sollte vorsichtig sein. Manche Pferde sind am Bauch kitzelig und heben reflexartig die Beine, als wollten sie eine Fliege verscheuchen. Dann ist der Streichelstab eine sinnvolle Unterstützung.

Der Streichelstab kann ein normaler Besenstiel sein, an dessen Ende Sie eventuell auch eine weiche Bürste schrauben können, die für das Pferd angenehm ist. Hiermit berühren Sie das Pferd vorsichtig an den schwer erreichbaren Stellen am Bauch und zwischen den Beinen. Gehen Sie aber nicht zu zögerlich vor. Beginnen Sie mit dem Streichelstab an den bekannten Stellen und arbeiten Sie sich dann damit ganz beiläufig an die noch unberührten Stellen des Pferdekörpers vor. Machen Sie immer mal kurze Phasen mit einzelnen „Streichelstrichen", sodass Ihr Pferd gar nicht erst verspannt oder unruhig wird. Wenn Sie das Pferd ans Putzen gewöhnen wollen, haben Sie Geduld und erwarten nicht gleich, dass es eine Stunde still steht. Nehmen Sie zunächst eine weiche Bürste in eine Hand. Zeigen Sie diese Ihrem Pferd wie bei der „Begrüßung auf Pferdeart" und lassen Sie es den neuen Gegenstand beschnuppern und anstupsen. Jetzt streichen Sie mit der noch freien Hand zunächst einen Strich über das Fell des Pferdes vor und folgen diesem dann unverzüglich mit der Bürste. Ihre Hand kennt das Pferd ja schon, daher verbinden Sie nun das Bekannte – die Berührung mit der Hand – mit dem Unbekannten – der Bürste. So arbeiten Sie sich Stück für Stück über den ganzen Pferdekörper, wobei die „Vorstri-

che" der Hand immer weniger und die Striche der Bürste immer mehr werden.

Wollen Sie zu einer gröberen Reinigungsbürste wechseln, gewöhnen Sie das Pferd erst einmal in Ruhe daran: Jetzt dient die bekannte, weiche Bürste als „Vorstreicher" und die grobe Bürste folgt, bis das Pferd auch die neue Bürste akzeptiert hat. Hat das Pferd nun grobe und feine Bürste ebenso akzeptiert wie Ihre Hand, brauchen Sie diese Schritte mit neuen Bürsten nicht zu wiederholen. Ihr Pferd hat verstanden, dass Berührung nicht unangenehm ist und das Putzen vielleicht sogar angenehm sein kann.

PRE-Hengst Arli ist zwar etwas kitzelig an den Hinterbeinen, doch wer ihm in die Augen schaut, sieht, dass ihn die Gerte nicht wirklich stört.

Kopfscheue Pferde

Eine besondere Herausforderung beim Putzen oder später auch beim Halftern oder Trensen sind kopfscheue Pferde. Kopfscheu werden Pferde durch unvorsichtige oder unüberlegte Handlungen des Menschen. Erst sollten Sie dem Pferd vermitteln, dass Berührung angenehm ist und Sie nichts Böses wollen. Dann können Sie beginnen, sich mit einer Hand vom Hals des Pferdes aus nach vorne zu arbeiten. Viele Pferde mögen es, hier gekrault zu werden, da sie diese Stelle selbst nur mit den Hufen erreichen können. Arbeiten Sie sich so von den Ganaschen weiter nach vorne bis zum Kinn und geben dann ausnahmsweise auch mal ein Leckerli. So verbindet das Pferd Ihre Hand an seinem Kopf mit etwas Gutem.

Verknüpfen Sie in der nächsten Zeit das Leckerli immer mit der Berührung am Kopf. So können Sie sich Stück für Stück das Gesicht des Pferdes wieder erarbeiten und das einst Unangenehme mit etwas Angenehmem überlagern. Später brauchen Sie dann keine Leckerlis mehr zu geben.

Es ist bei diesen Übungen sehr wichtig, dass Sie diese ohne großes Aufsehen tun. Die Bewegungen sollten ruhig und bedacht, aber nie zögerlich oder hektisch sein. Vermitteln Sie Ihrem Pferd das Gefühl, dass Sie genau wissen, was Sie da tun. Zieht es doch mal den Kopf zurück,

versuchen Sie nicht, es wieder mit dem Strick an sich heranzuziehen. Laden Sie Ihr Pferd stattdessen wieder auf Pferdeart zum Gespräch und zum Streicheln ein. Es kann schon etwas Zeit und viele Nerven in Anspruch nehmen, bis ein kopfscheues Pferd wieder Berührungen am Kopf duldet.

Lassen Sie sich alle Zeit der Welt, um das Vertrauen Ihres Pferdes zu gewinnen. Es lohnt sich auf jeden Fall – nicht nur für Notsituationen, in denen es schnell gehen muss!

PRE-Hengst Arli zeigt, dass Coolness nicht rasseabhängig ist.

Wenn Pferde scheuen ... Wie verhalte ich mich richtig?

Jeder hat es schon einmal erlebt: Scheinbar aus heiterem Himmel macht unser Pferd einen riesigen Satz zur Seite, spannt alle Muskeln und hält die Luft an. Diesen Hüpfer kann man nicht verhindern – aber dass er für Pferd und Mensch gefährlich wird, wenn das Pferd anschließend durchgeht.

Pferde scheuen, wenn sie etwas wahrnehmen, das ihr Instinktprogramm aktiviert. Durch einen schnellen Satz macht sich der Körper des Pferdes schlagartig fluchtbereit. Erst nach diesem Hüpfer setzt das bewusste Denken beim Pferd wieder ein und es entscheidet, ob es wegrennt, angreift oder ob alles falscher Alarm war. Dabei orientiert es sich als Herdentier an seinem Alpha. Wenn dieser selbst Anzeichen von Unruhe zeigt oder davonrennt, dann wird das Pferd seinem Beispiel folgen. Steht der Chef allerdings weiterhin völlig gelassen da, ist zunächst alles in Ordnung. Am sichersten fühlt sich ein Pferd, wenn es erkennt, dass sein Alpha die angebliche Gefahr gesehen, aber nicht als Gefahr eingestuft hat. Dann wird es

Der Reiter auf dem Bild signalisiert seinem Pferd, dass er die Gefahr wahrnimmt, aber dass es keinen Grund zur Flucht gibt. Er schaut auf die Gefahr, aber nicht nach einem möglichen Fluchtweg.

sich nach einem kurzen Abschnauben oder einigen staksigen Trabschritten wieder entspannen und die Sache auf sich beruhen lassen.

Wenn ein Pferd zum Scheuen neigt, sollte ich meine Führposition an der Hand ein wenig verändern. Das klassische Führen nach der FN hat seinen Ursprung in der Kavallerie. Die Kavalleriepferde hatten aber jahrelanges Scheutraining hinter sich, bevor sie überhaupt in Formation geführt wurden! Wer jedoch sein Pferd direkt neben sich am kurzen Strick führt, läuft große Gefahr, beim Scheuen entweder vom Pferd umgeworfen oder mitgezogen zu werden. So oder so, der „Adrenalin-Hopser" des Pferdes wird den Menschen in irgendeiner Form zwangsbewegen in dieser Führposition. Damit hat das rangniedere Pferd durch seine Aktion den ranghohen Menschen zu einer Reaktion gezwungen: Es hat die Rangfolge auf den Kopf gestellt und wortwörtlich schon die Führung übernommen! Und selbst wenn das dem Pferd in der Schrecksekunde nicht klar wird, auf jeden Fall nimmt es das unsichere Verhalten seines Alphas wahr und verliert die Contenance.

Aus meiner eigenen Erfahrung ist eine Führposition ein Meter vor dem Pferd an einem mindestens drei Meter langen Strick wesentlich sicherer für mich und mein Pferd.

Die erste Übung verwende ich, wenn ein Pferd heftig erschrickt und ich befürchten muss, dass es durchgehen wird: Hierbei gehe ich in der natürlichen Führpositi-on wie eine Leitstute vor dem Pferd her und gebe ihm am lockeren Strick gute 1,50 Meter „Luft" in jede Richtung. Wenn das Pferd scheut, gebe ich mit dem Strick nach, versuche, es nicht zu fixieren, drehe mich um und bleibe ganz locker stehen: Selbst ausatmen, ein Bein anwinkeln und nicht auf das Pferd schauen hilft dabei, sich selbst schnell zu beruhigen.

Dann blicke ich in die Richtung, aus der die „Gefahr" gekommen ist, und gehe zwei Schritte darauf zu – allerdings ohne das Pferd mitzunehmen. Wie der „Absiche-rungshengst" sehe ich mir die angebliche Gefahr kurz an und entscheide mich danach, einfach weiterzugehen. Und mein Pferd wird mir folgen! Bereits nach zehn oder spätestens nach 20 Schritten werden Sie merken, dass das Pferd sich wieder entspannt und im Idealfall abschnaubt. Dann können Sie es anhalten und für seinen Mut und sein Vertrauen loben!

Befürchte ich nicht, dass das Pferd los-stürmt, gehe ich ohne im Geringsten zu reagieren weiter. Hierbei bewege ich mich nicht gerade vom Pferd weg, da ich sonst Zug auf das Genick aufbauen könnte, was eventuell den Fluchtreflex oder eine Gegenreaktion auslöst. Wenn mein Pferd nach dem Hopser wie angewurzelt stehen bleibt, mache ich einfach ein bis zwei Schritte zu einer Seite, hole so den Pferde-kopf ein wenig herum und gehe ohne Kommentar weiter. Ich handele frei nach dem Motto: „Da sind keine Kobolde in der Ecke, ich hab keine gesehen, ergo sind da keine ..."

Unter dem Sattel ist das Scheuen für den Menschen etwas kritischer, da es uns aus der Balance bringen kann. Um dies zu vermeiden, hilft eine Ausgleichssportart, bei der ein stabiler Stand in verschiedenen Positionen und Balance gefordert ist – beispielsweise Qigong, Kampfsport oder klassischer Tanz.

Scheut das Pferd unter dem Sattel, sollten Sie nicht die Zügel hart annehmen und die Beine anpressen. Gehen Sie erst einmal einfach in der Bewegung mit und atmen Sie bewusst aus. Wenden Sie sich selbst und das Pferd der angeblichen Gefahr zu und halten Sie nur so viel Spannung in Ihrem Körper wie nötig, um auf dem Pferd gerade sitzen zu bleiben. Meist wird das Pferd schon ruhiger, wenn es die „Bedrohung" sieht und nicht nur hört.

Und sollten Sie dann nach der ersten Schrecksekunde bemerken, dass Ihr Pferd sich doch mit dem Fluchtgedanken trägt – nehmen Sie sofort beide Füße aus dem Bügel und runter vom Pferd! Führen Sie Ihr Pferd eine Weile, bis das Adrenalin sich sowohl bei Ihnen als auch Ihrem Pferd wieder abgebaut hat. Vorsicht kommt vor Heldentum! Und wenn Sie die Schrecksituation beide gut überstanden haben, können Sie an der Hand an der Bewältigung der Angst arbeiten.

Wenn die Angst des Pferdes zur Gefahr für den Menschen wird, sollte man sich dringend Hilfe suchen.

„Wenn einer keine
Angst hat, hat er
keine Fantasie.“

- Erich Kästner -

ANGST VOR GEGENSTÄNDEN

Unsere moderne Zivilisation ist voll von Gegenständen, Geräuschen und Gerüchen, mit denen ein Pferd in seiner natürlichen Umgebung nie konfrontiert wäre. Die Angst vor Veränderungen im direkten Umfeld ist den Pferden sozusagen einprogrammiert, da jede Veränderung eine Gefahr sein könnte. Wer aber Dinge und Situationen, die ihm Angst machen, stets meidet, der grenzt seinen persönlichen Aktionsradius und vor allem seine Lebensqualität enorm ein!

Sollte ein Pferd vor gewissen Dingen Angst haben, so ist es unsere Verantwortung als Besitzer und auch Alpha, ihm diese Angst zumindest so weit zu nehmen, dass das Pferd weder für sich selbst noch für andere eine Gefahr darstellt.

Auch wenn Ponyhengst Blues Starlight Ingos Ideen manchmal für etwas seltsam hält, hat er doch von klein auf gelernt, dass man ihm vertrauen kann.

Gefahren der Selbstent-deckungsmethode

Es gibt Pferdebesitzer und sogar namhafte Gurus, die das Pferd mit dem angsteinflößenden Gegenstand alleine lassen, nach dem Motto: „Der wird sich schon daran gewöhnen." Sicherlich wird hierbei das Pferd irgendwann ruhiger erscheinen – aber nur erscheinen. Denn irgendwann hat es so viel hyperventiliert, die Muskeln angespannt und Adrenalin ausgeschüttet, dass es einfach nicht mehr kann.

Wenn Ihr Pferd Angst vor einem Gegenstand zeigt, helfen Sie ihm, diese Angst selbst aktiv zu bewältigen.

„Stups und weg"

Ein erster Schritt für das Bewältigen von Angstgegenständen jeglicher Art ist es, dem Pferd die Möglichkeit zu geben, diese Gegenstände genau anzusehen und auch mit der Nase zu berühren. Ich nenne diese Methode: „Stups und weg".

Dafür nehmen Sie den Angstgegenstand zuerst selbst in die Hand, drehen und wenden ihn umher und scheinen ganz fasziniert. Zeitgleich führt ein Helfer Ihr Pferd in einer ausreichenden Kreisbahn um Sie herum. Es kann dabei zusehen, wie Sie sich mit dem Angstgegenstand beschäftigen – und es überleben!

Dies ist eine wichtige Erfahrung für Ihr Pferd. Denn auch in der Natur würde bei einer vermeintlichen Gefahr erst einmal ein ranghohes Pferd die Lage prüfen. Die anderen Pferde der Herde orientieren sich dann fast alle an dem Verhalten dieses einen Sondierungspferdes. Natürlich gibt es unter den Pferden ebenso wie bei uns Menschen Skeptiker, die weiterhin einen Bogen um den Gegenstand machen. Aber kein Pferd der Herde käme auf die Idee, alleine wegzurennen und damit die Sicherheit der Herde zu verlassen.

Man beginnt am besten mit einem kleinen Gegenstand – beispielsweise einer Cola-Dose mit einigen Raschelkieseln. Man schüttelt die Dose ein wenig, sodass sie ein für das Pferd unangenehmes Geräusch macht. Sobald das Pferd die Nase in Richtung des Störenfriedes streckt, wird das

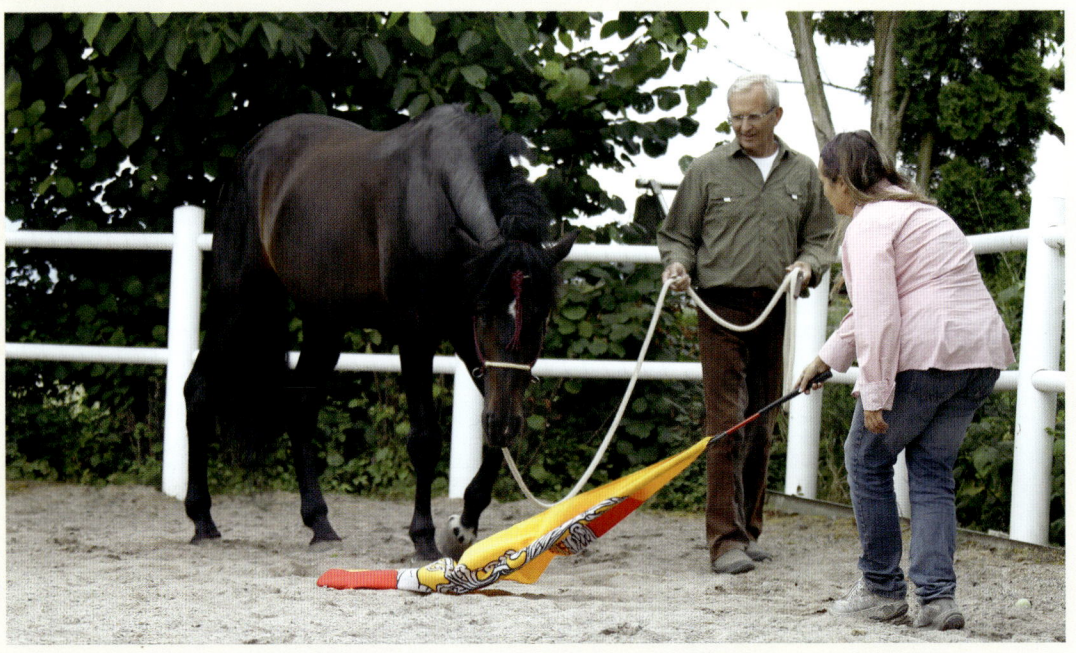

PRE-Hengst Arli setzt sich aktiv und selbstständig mit dem Angstgegenstand auseinander.

Rascheln leiser. Je näher das Pferd nun seinem Angstgegenstand kommt, desto kleiner oder leiser wird dieser. Sobald das Pferd mit der Nase den Gegenstand anstupst, nehme ich diesen sofort weg und belohne das Pferd mit Streicheln oder auch anfangs mit einem Leckerli, das die positive Erfahrung verstärkt.

Auch mit einer Fahne lässt sich diese Art der aktiven Angstbewältigung erleben. Hierzu läuft ein Helfer samt Fahne rückwärts vor dem Pferd her, während der Pferdeführer mit dem Pferd folgt. Man sollte hierbei das Pferd nicht zwingen, näher an den Gegenstand heranzutreten. Dieser Impuls muss von dem Pferd selbst kommen. Doch während es nun einige Runden dem Angstgegenstand folgt, erlebt es etwas Interessantes: Der schlimme Gegenstand scheint vor ihm auszuweichen! Sehr schnell wird die Neugierde des Pferdes geweckt werden und es wird doch den Abstand zu dem Gegenstand verringern wollen.

Lassen Sie das zu und loben Sie Ihr Pferd für seine Courage. Sobald das Pferd direkt an dem Gegenstand steht, bieten Sie ihm wieder an, den Gegenstand anzustupsen. Macht es das, sollte der Helfer den Gegenstand sofort wieder aus dem Blickfeld nehmen und das Pferd loben. So lernt das Pferd, dass die Gefahr meist verschwindet oder sich in etwas Angenehmes verkehrt, wenn es aktiv darauf zugeht. Es wird sich ganz auf die Führung und Unterstützung seines Menschen verlassen. Dieses neu erworbene Vertrauen unseres Pferdes darf natürlich niemals durch Über-

mut, Leichtfertigkeit oder Unbedachtheit aufs Spiel gesetzt werden!

„Aus klein mach groß"

Während „Stups und weg" ein eher aktives Mitmachen des Pferdes erfordert, ist die Methode „Aus klein mach groß" auch für weniger aktive und sehr introvertierte Pferde geeignet.

Hierbei wird das Pferd mit seinem Angstgegenstand nicht gleich in voller Größe oder Heftigkeit konfrontiert, sondern mit einer verkleinerten Variante. Ein recht einfacher Einstieg in dieses Thema sind beispielsweise Fahnen. Viele Pferde haben Angst vor den bunten, flatternden Dingern, mit denen aber gerade auch Turnierpferde immer öfter auf den Turnierplätzen konfrontiert werden. Gleich fahnenschwingend auf das Pferd zuzugehen in der Hoffnung, dass es selbst bemerkt, dass es nichts Schlimmes ist, wird nicht zum Erfolg führen.

Besser ist es, man nimmt die Fahne vom Stab, knüllt sie in der Hand zusammen und zeigt sie dem Pferd zunächst als tollen kleinen Gegenstand, mit dem es gestreichelt wird. Mit jedem „Streichelzug" wird der fremde Gegenstand am Pferd wieder etwas größer, bis die Fahne wieder ihre volle Größe erreicht hat und sich das Pferd damit überall mithilfe unserer Hand berühren lässt. So haben wir das Bekannte – Streicheln mit unserer Hand – mit dem Unbekannten und Beängstigenden – der Fahne – für das Pferd zu einer angenehmen und stressfreien Erfahrung verbunden. Wird diese Erfahrung einige Male immer ruhig und stressfrei wiederholt, so werden die bisher negativen Angsterfahrungen, die das Pferd zuvor mit flatternden Fahnen hatte, mit den positiven Erfahrungen durch die „Streichelfahne" überlagert.

Glückt das Abstreichen des Pferdes mit der Fahne in der Hand, befestigt man sie wieder am Stab, rollt sie ein und präsentiert sie dem Pferd erneut – dieses Mal als sehr nützlichen und interessanten „Rückenkratzstab". Und während ich meinem Pferd mit dem Konstrukt den Rücken schubbere, drehe ich mit jeder Bewegung die Fahne wieder ein Stück aus, bis sie wieder ihre volle Größe erreicht hat. Dann kann ich beginnen, die Fahne auch ein wenig zu schwingen, führe sie aber gleich

wieder zum Rückenkratzen zum Pferd, wenn es darüber nachdenkt, ob der Gegenstand doch wieder unheimlich wird.

Das Prinzip dieser Angstbewältigungsmethode kann auch auf viele andere Gegenstände übertragen werden. Ob Rascheltüte, Regenjacke, Pferdedecke oder Regenschirm – fangen Sie klein an und geben dem Pferd vor allem Zeit, sich an den neuen Gegenstand zu gewöhnen.

Man muss ein Pferd auch nicht an jeden neuen Gegenstand in seinem Umfeld so mühsam gewöhnen. Doch je mehr Gegenstände es mit einer dieser beiden Methoden erlernen und „besiegen" kann, desto selbstsicherer wird es werden und sich immer weniger durch etwas Neues überhaupt noch aus der Ruhe bringen lassen.

Quarterhengst Hollywood Snowboys erste Begegnung mit einer Fahne.

Snowboy empfindet die Fahne nach der Gewöhnung nun als angenehm und nicht als angsteinflößend.

Die komplett ausgerollte Fahne macht ihn zwar stutzig, aber nicht mehr ängstlich.

„Wer sich zur Einsamkeit verdammt fühlt, kann immer noch manches dazu tun, dass seine Einsamkeit gesegnet sei."

- Arthur Schnitzler -

ANGST, ALLEINE ZU SEIN

Pferde sind Herdentiere. Die Herde bietet ihnen Schutz und Sicherheit. Daher fühlen sich Pferde alleine oder auch ohne die Herdenkollegen stets unwohl und reagieren mehr oder weniger heftig darauf. Man kann es einem Pferd aber nicht verübeln, dass es seine Artgenossen höher wertet als uns. Viele Menschen stellen ja andere Menschen in ihrer Wertigkeit ebenfalls über die Tiere, und die Pferde halten uns also nur den Spiegel vor. Wenn Pferde Artgenossen als enge Freunde haben, ist das eigentlich eine gute Sache. Doch wenn diese Freundschaft so tief wurzelt, dass der eine nicht einmal ohne den anderen sein kann, wenn dieser nur kurz eine Runde mit seinem Menschen ins Gelände soll, dann kann diese Freundschaft für uns Menschen zum Problem werden. Auch wenn wir das Pferd nicht dafür strafen dürfen, wenn es so schnell wie möglich zu seiner Herde zurück will, können wir aber rüpelhaftes oder gefährliches Verhalten des Pferdes auch nicht dulden.

Grenzenlose Weite und eine natürlich gewachsene Herde würden wir jedem Pferd wünschen.
Doch in der modernen Welt ist das fast nicht möglich.

Starlight versucht mutig, die Wippe ohne seinen Kumpel Shadow zu meistern.

Übungen auf dem Platz mit dem Kumpelpferd

Zu Beginn der Entwöhnung zweier Pferde voneinander kommt man nicht umhin, mit eben diesen beiden Pferden zunächst zusammen zu arbeiten. Hierbei ist die Zusammenarbeit der beiden Pferdebesitzer unverzichtbar: Sie beginnen zunächst, Ihre Pferde zusammen zu arbeiten. Beispielsweise bieten sich das gemeinsame Einstudieren von Traillektionen an der Hand oder auch einfache Zirkuslektionen

und Lernspiele an. Zeigen Sie Ihrem Pferd, was für einen Riesenspaß es mit Ihnen haben kann, sodass es sich auf die nächste Trainingsstunde freut!

Stufenweises Entwöhnen auf dem Platz

Wenn Sie nun das nächste Mal mit Ihrem Pferd für eine Einheit Lernspiele oder einen Trail an der Hand auf den Platz gehen, bitten Sie den Besitzer des Kumpelpferdes, einen Moment zu warten, sodass Sie mit Ihrem Pferd schon eine einfache Übung allein machen können. Ist diese Übung geglückt, kommt das Kumpelpferd wieder dazu und Sie setzen die Trainingsstunde gemeinsam fort. Kurz vor Schluss gehen Sie jedoch auch als Erster vom Platz und bringen Ihr Pferd direkt in seinen Stall, wo Sie es mit etwas Futter dafür belohnen, dass es sein Kumpelpferd auch mal ein paar Minuten alleine auf dem Platz lassen konnte.

Auf diese Weise können Sie die Zeit, in der die beiden Pferde zusammen auf dem Platz arbeiten, immer weiter reduzieren, bis es am Ende vielleicht nur noch einige Minuten Überschneidung gibt. So lernt aber jedes der beiden Pferde, dass das Kumpelpferd zwar immer noch da ist, man aber auch mit dem Menschen tolle Dinge erleben kann, und dass vor allem nichts Schlimmes passiert, wenn man sich auf den Menschen verlässt. Denn der Mensch sorgt ja immer dafür, dass man nach getaner Arbeit wieder zu seinem Kumpel zurück kann!

Eine weitere gute Entwöhnungsübung ist es, zwar beide Pferde zeitlich auf dem Platz zu longieren, aber auf unterschiedlichen Zirkeln. Durch das unweigerliche Zusammentreffen der Pferde bei X lernen sie, dass der Kumpel immer da ist und man auch mal eine Runde allein seine Arbeit machen kann.

Mit einer Freundin zusammen haben wir es sogar geschafft, unsere Pferde auf diese Weise frei auf den Zirkeln zu arbeiten und sie uns gegenseitig zu schicken. Die Pferde hatten großen Spaß dabei und waren trotzdem immer mit dem Kopf bei „ihrem" Menschen. Für so etwas ist es gut, zwei Pferde zu haben, die sich richtig gern haben. „Kleben" muss nicht immer etwas Negatives sein – gerade bei Freiheitsdressuren können aus der Pferdefreundschaft schöne Dinge entstehen.

Der Mensch kann zwar den Kumpel Pferd nicht ersetzen, ist aber eine gute Alternative.

Übungen im Gelände mit dem Kumpelpferd

Was auf dem Platz schon funktioniert, kann man auf das Gelände übertragen, wenn Pferd und Mensch sich sicher fühlen. Hierbei ist es ratsam, die ersten Geländegänge an der Hand zu machen – in Form von kleineren Spaziergängen in Stallnähe. Funktioniert auch dies, so kann man mit dem Reiten beginnen. Lassen Sie aber die Pferde nicht immer in der gleichen Position gehen. Jedes Pferd geht mal vorne, mal hinten, und mal gehen die Pferde kurz nebeneinander. Auch Anhalten und Warten sollten zu diesen Vorübungen im Gelände gehören.

Die nächste Stufe ist dann, dass das Pferd nicht nur mit seinem besten vierbeinigen Kumpel die gewohnte Spazierrunde geht, sondern noch ein drittes Pferd mitkommt – idealerweise auch eines, das die beiden anderen Pferde gut leiden kann, aber nicht der allerbeste Freund ist.

Ein gemütlicher Ausritt zu zweit stärkt das Selbstvertrauen des Pferdes.

Stufenweises Entwöhnen im Gelände

Das Korrigieren des Klebens im Gelände sollte zur Sicherheit des Menschen immer an der Hand erfolgen. Denn ein panisches Pferd, das wegrennen will, kann man an der Hand notfalls auch loslassen. Wenn man reitet, riskiert man die eigene Gesundheit.

Der erste Entwöhnungsspaziergang sieht so aus, dass Ihr Pferd sich mit dem dritten Pferd allein zum Spaziergang aufmacht. Es wird natürlich unsicher sein, aber wenn nach etwa fünf oder zehn Minu-

ten doch von einem anderen Weg das Kumpelpferd hinzukommt, wird es sich entspannen, und der Rest des Spaziergangs geht meist ohne Probleme weiter.

Beim zweiten Spaziergang starten die drei Pferde gemeinsam, aber das Kumpelpferd verlässt die kleine Truppe bald und macht sich etwas früher auf den Heimweg. Natürlich wird Ihr Pferd auch jetzt etwas nervös werden, aber es hat ja schon gelernt, dass Sie es immer zu seinem Kumpel zurückbringen, und das andere Pferd bietet ihm im Idealfall auch genug mentale Sicherheit, damit es den Spaziergang mit Ihnen halbwegs gesittet beendet.

Beim dritten Spaziergang stößt dann das beste Kumpelpferd etwas verspätet zu der Gruppe und verlässt sie auch wieder früher. Und so können Sie nun die Zeit, in der die beiden Pferde wirklich zusammen sind, auch wieder auf ein Minimum reduzieren.

Wenn Ihr Pferd so weit ist, dass es sein Kumpelpferd nur noch ganz kurz während des Spaziergangs sieht und bei dessen Kommen und Gehen und vor allem in der Zeit dazwischen sehr gelassen bleibt, so sollte man auch mit der Entwöhnung vom Drittpferd beginnen. Hierbei kann man das Drittpferd erst einmal gegen ein anderes Pferd austauschen oder auch dessen Anwesenheit beim Spaziergang Stück für Stück reduzieren.

Das große Finale: Der Ausritt!

Haben alle Vorübungen zur Zufriedenheit von Pferd und Mensch geklappt, ist es an der Zeit, die neue Selbstsicherheit mit in den Sattel zu nehmen und hier weiterzumachen. Die Verfahrensweise bleibt ähnlich. Zu Beginn sind die beiden Pferde die meiste Zeit zusammen, bevor ein Pferd abdreht und verfrüht den Nachhauseweg antritt oder auch erst später zur Gruppe stößt. Dabei werden Sie und Ihr Pferd – nicht zuletzt auch aus Sicherheitsgründen, falls Ihr Pferd doch versucht loszurennen oder sehr unruhig wird – von einem erfahrenen Geländereiter mit einem vorzugsweise sehr ruhigen Pferd begleitet.

Sollte Ihr Pferd bei den ersten kleinen Spazierritten im Schritt in der gewohnten Umgebung nun das Kommen und Gehen seines besten Kumpelpferdes gelassen hinnehmen, können Sie beginnen, die Gegenwart des Geländehelfers zu verkürzen und einige Strecken allein mit Ihrem Pferd zu meistern. Hierbei empfiehlt es sich, zu Beginn auf den bekannten, auf Spaziergängen bereits erschlossenen Wegen zu bleiben und sich erst langsam in unbekanntes Gebiet vorzuwagen.

Und verlieren Sie bei allem Training nie den Spaß!

„Zwei Dinge verlei-
hen der Seele am
meisten Kraft:
Vertrauen auf
die Wahrheit und
Vertrauen auf
sich selbst."

- Lucius Annaeus Seneca -

ANGST BEIM REITEN

Leider sieht man immer wieder völlig verkrampfte, vor Angst nass geschwitzte Pferde, die unkoordiniert und angespannt mit einem mehr oder minder ebenso angespannten Reiter auf ihrem Rücken mehr schlecht als recht ihre Bahnen ziehen.

Oft stößt die Angst der Pferde vor dem Gerittenwerden auf völliges Unverständnis bei den Menschen, insbesondere bei angeblichen Pferdeleuten, die schon seit Jahrzehnten mit Pferden zu tun haben. „Aber die sind doch zum Reiten da", heißt es dann. Aber eigentlich sind Pferde weder körperlich noch mental von der Evolution dafür vorgesehen, irgendetwas auf ihrem Rücken zu tragen – von einem Raubtier ganz zu schweigen.

Arten der Angst beim Gerittenwerden

Pferde können auf zwei Arten mehr oder minder „reitscheu" werden. Zum einen ist das die evolutionäre Angst davor, ein Raubtier auf dem Rücken tragen zu müssen. Die Natur hat unsere Pferde zu deren Überleben mit dem Reflex ausgestattet, alles, was sich länger als zehn Sekunden auf ihrem Rücken befindet und mehr als ein halbes Kilo wiegt, schnellstmöglich loszuwerden. Denn erfüllt es diese beiden Kriterien, ist es mit hoher Wahrscheinlichkeit ein Raubtier. Übrigens gilt der gleiche Überlebensreflex für den Bauchbereich der Pferde, insbesondere die Flanken. Wenn hier etwas Größeres drückt oder sogar pikst, muss das aus ihrem Instinkt meist ein Raubtier sein, das ihnen den Bauch aufreißt und sie zu Fall bringen will.

Beim „normalen" Reiten sitzen wir also genau an der Stelle, wo eine Raubkatze sich auf das Pferd werfen würde. Gleichzeitig engen wir meist mangels Wissen auch noch die freie Atmung des Pferdes mit einer übertriebenen und falsch verstandenen „Versammlung" ein. Auch das ist Taktik der großen Raubtiere. Raubkatzen beispielsweise ersticken ihre Beute, indem sie ihr in den Hals beißen und die Luftröhre zusammendrücken.

Und zu allem Übel stupsen und piksen wird unser Pferd auch noch an Bauch, Hinterteil und Flanke mit Gerte oder Sporen – wie es Wildhunde und Wölfe tun würden, wenn sie ein Beutetier hetzen! Dass ein Pferd, das nicht in Ruhe und mit Verstand an das Thema Reiten herangeführt wurde, mit ernsthafter Existenzangst reagiert, ist nicht weiter überraschend, sondern vollkommen normal.

Dies ist die evolutionär bedingte Angst des Pferdes, geritten zu werden. Wird ein junges Pferd allerdings schonend und ohne Druck an seine Aufgabe als Reittier herangeführt und hat es zuvor in der Bodenarbeit den Menschen als Alpha und Freund kennengelernt, wird es das in „seinen" Menschen gelegte Vertrauen auch mit in den Sattel nehmen und ihn auf seinem Rücken dulden - auch wenn ihm dabei anfangs etwas mulmig sein wird!

Durch viele positive Erfahrungen beim Gerittenwerden, wird dann jedoch im Gehirn des Pferdes eine kleine Umprogrammierung stattfinden. So werden die eigenen Erfahrungen das evolutionäre Instinktprogramm nach und nach überlagern.

Damit ist bei einer rein instinktgesteuerten Angst das Problem meist durch schonendes Vorbereiten und gutes, pferdegerechtes Reiten binnen kurzer Zeit behoben. Leider klappt das nicht immer. In unserer modernen Leistungsgesellschaft ist Zeit Geld – und da will man den jungen Pferden

In der sicheren Umgebung des Roundpens und mit fachlicher Anleitung kann stressfreies Reiten für Pferd und Mensch erlernt werden.

einfach nicht genug Zeit lassen, in Ruhe in ihre neue Aufgabe hineinzuwachsen. Wir könnten es zwar viel mehr als jede andere Menschengeneration vor uns, da wir unsere Pferde nur zum Spaß haben und nicht mit ihnen unseren Lebensunterhalt bestreiten müssen – aber paradoxerweise lassen wir heute den Pferden nicht einmal halb so viel Zeit für ihre Ausbildung wie noch vor 100 Jahren.

Wird das junge Pferd jedoch zu schnell und mit zu viel Druck angeritten, wird sich das Instinktprogramm in ihm immer stärker melden. Das Pferd wird dann unter dem Reiter immer angespannter, was zu vermehrtem Scheuen und Abwehrreaktionen führt. Worauf die Menschen dann, ohne nachzudenken, in ihrem eigenen Instinktprogramm als Raubtier reagieren: Druck weiter erhöhen, bis die „Beute" nicht mehr zappelt. Aber Druck erzeugt Gegendruck. Der große Pferdemensch Monty Roberts hat dieses Basiswissen in den letzten Jahrzehnten nahezu weltweit verbreitet, aber leider ist es in den Köpfen vieler Ausbilder immer noch nicht angekommen.

In diesem Fall der erfahrungsbedingten Angst befinden sich Pferd und Mensch in einer gefährlichen, zerstörerischen Spirale. Die Reaktionen des Pferdes gefährden teilweise den Menschen und dessen Umfeld. Was auf eine verdrehte Art sogar verständlich macht, dass der Mensch den einfachsten Weg sucht, dieses abzustellen: Noch mehr Leder am Pferd und noch mehr Druck.

Sechs-Monats-Plan: Back to Basics

Sollte Ihr Pferd Angst vor dem Gerittenwerden zeigen, ist der erste Schritt, an die Ausbildung an der Hand zurückzukehren. Meist findet man hier schnell die Ursache für das Problem. Denn die wenigsten Pferde haben heute eine fundierte Ausbildung über zwei oder drei Jahre an der Hand genossen!

Wagen Sie mit Ihrem Pferd das Experiment und arbeiten Sie es erst einmal wieder sechs Monate konsequent nur an der Hand: Bodenarbeit, Roundpen, Longe, Doppellonge, Zirkuslektionen, Pferdetanz, aber auch gemeinsame Spaziergänge gehören dazu. Geben Sie Ihrem Pferd die Chance, Sie nicht als Raubtier auf seinem Rücken, sondern als zuverlässigen Alpha zu erleben, dem man vertrauen kann.

Nach etwa vier Monaten können Sie dazu übergehen, zum Ende einer jeden Bodenstunde sich ganz kurz auf Ihr Pferd zu setzen. Erwarten Sie noch nicht, dass es losläuft oder irgendetwas anderes tut, als einfach nur entspannt dazustehen. Denn mehr möchten wir nicht. Zuerst muss Ihr Pferd auch lernen, dass nicht gleich etwas Schlimmes passiert, wenn jemand auf seinem Rücken sitzt. Und dies lernt es am besten, wenn man mindestens einen Monat lang jeden zweiten Tag nach dem Bodentraining einfach nur fünf Minuten auf seinem Rücken sitzt und selbst entspannt.

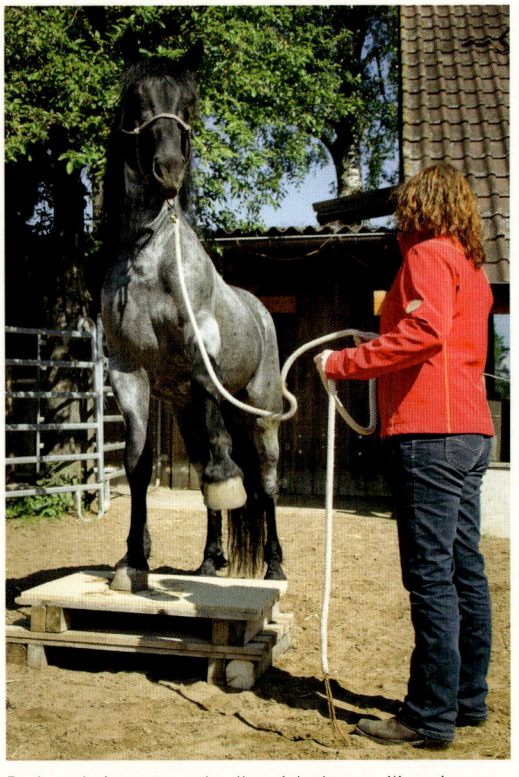

Bodenarbeit muss und sollte nicht langweilig sein.

Ein großer König braucht keinen Thron.

Klappt dies, dann können Sie im fünften Monat des Programms dazu übergehen, nach den fünf Minuten „Relaxen mit Mensch auf Rücken" noch fünf Minuten im Schritt am hingegebenen Zügel einige Runden auf der Bahn zu reiten. Wenn Ihr Pferd unsicher wird und sich anspannt, bitten Sie einen pferdekundigen Bekannten, den Ihr Pferd kennt, noch zusätzlich den Führstrick einzuhängen und das Pferd zu führen.

Im sechsten Monat können Sie dazu übergehen, das „Reitprogramm" um die eine oder andere kleine Aufgabe zu ergänzen – beispielsweise anhalten oder eine halbe Runde traben. So erarbeiten Sie sich Stück für Stück mit Ihrem Pferd wieder das Thema „Reiten macht Spaß", ohne es körperlich oder mental zu überfordern.

Das mag jetzt auf den ersten Blick etwas mühsam erscheinen, aber es funktioniert. Genau mit diesem Programm habe ich auch meinem Showpferd Shadow erklären können, dass nicht jeder Mensch auf seinem Rücken ihm Böses will. Vor allem aber konnte ich mir auf diese Weise seinen Respekt und sein Vertrauen erschließen, was bei ihm als sogenanntes „Problempferd", das auch durchaus Menschen gezielt angegriffen und teilweise schwer verletzt hatte, für meine eigene Sicherheit essenziell war!

Wer es wagen kann und will, dem rate ich, bei diesem „Neuerlernen" des Gerittenwerdens auf die dem Pferd bisher als negativ bekannte Ausrüstung so gut es geht zu verzichten. Insbesondere möchte ich für das gebisslose Reiten plädieren, da viele „reitscheue" Pferde gerade die Schmerzen, die ein falsch benutztes Gebiss verursachen kann, mit ihrer Angst verbinden. Hierbei ist es sehr vorteilhaft, selbst über ausreichende Reitkenntnisse und vor allem einen zügelunabhängigen Sitz zu verfügen. Wer hier ein wenig Mühe hat, dem rate ich, Reitunterricht an der Longe zum Erlernen eines unabhängigen Sitzes zu nehmen – mit einem guten Schulpferd oder mit dem eigenen Pferd.

Lösende Übungen für Pferd und Mensch

Aber auch ohne das evolutionsbedingte Angstprogramm und Angst durch schlechte Reiterfahrung passiert es immer wieder, dass Pferde beim Reiten Angst bekommen. Es kann beispielsweise sein, dass sich eine unbewusste Spannung des Menschen auf das Pferd überträgt. Das muss keine mentale Spannung sein, schon ein verkrampfter Muskel oder eine Blockade in der Wirbelsäule oder im Becken des Reiters kann

die Harmonie beim Reiten stören und das Pferd wortwörtlich aus dem Takt bringen.

Daher empfehle ich jedem Reiter, sich kurz vor dem eigentlichen Reiten auch selbst aufzuwärmen. Meist reicht es schon, das Pferd zwei Runden in jede Richtung auf dem Hufschlag zu führen, um das eigene Herz-Kreislauf-System ein wenig zu aktivieren und die Muskeln warm zu machen.

Die ersten Runden auf dem Pferderücken sollten im Schritt erfolgen. So kann sich das Pferd noch weiter körperlich und mental aufwärmen und der Mensch hat die Gelegenheit, einige lockernde Übungen auf dem Pferderücken zu absolvieren: Schultern kreisen, Fußgelenke kreisen, in der Hüfte ein wenig rotieren – das ist ein guter Anfang.

Wer größere Blockaden im Körper hat oder eine gewisse Steifheit bei sich verspürt, dem rate ich, als Ausgleichssport zum Reiten mit Qigong oder Yoga zu beginnen. Beide Methoden eignen sich besonders gut, ein besseres Körpergefühl zu erlangen. Zudem werden durch die langsamen Drehbewegungen die Beweglichkeit, die Fitness und das Wohlbefinden im Allgemeinen gesteigert.

Wenn Sie selbst körperlich und mental lockerer im Sattel sitzen, können Sie auch Ihrem Pferd helfen, eventuelle Spannungen zu verlieren. Ein guter Einstieg ist das altbekannte Vorwärts-Abwärts-Reiten. Geben Sie Ihrem Pferd am hingegebenen Zügel Zeit, sich körperlich und mental auf die folgende Arbeit einzustellen.

Beachten Sie hierbei die auch beim „Menschensport" übliche Formel für eine Trainingsstunde, damit nicht so schnell körperliche Verspannungen beim Pferd entstehen:

- 5–10 Minuten aufwärmen zur Herz-Kreislauf-Aktivierung – davon zwei Drittel der Zeit im Schritt und ein Drittel im lockeren Trab am hingegebenen Zügel
- 5–10 Minuten Koordinationsübungen oder Mobilisation – beispielsweise ein leichtes Schulterherein im Schritt
- 10–15 Minuten Arbeitsphase mit langsamem Aufnehmen der Zügel für die gewünschte Haltung. Jetzt arbeiten Sie immer kurz und auf den Punkt an den Lektionen, die Sie sich vorgenommen haben. Kurz bedeutet maximal eine Minute am Stück an einer Lektion. Danach erhält das Pferd sofort eine körperliche und mentale Erholungsphase am hingegebenen Zügel, die zu Beginn genauso lang sein sollte wie das Arbeiten an der Lektion selbst!
- 5–10 Minuten Cool-Down und Belohnung: In dieser Phase soll Ihr Pferd sich körperlich und mental entspannen. Es kann helfen, eine „Belohnungslektion" an das Ende der Stunde zu legen,

Jedes Training sollte entspannt und gelöst beginnen und auch so beendet werden.

eine Übung, die Ihr Pferd wirklich gerne macht und bei der Sie zu 100 Prozent sicher sind, dass sie gelingt. Es kann auch eine Übung an der Hand sein oder der Leckerliball. So wird das Pferd das Gerittenwerden mit dieser Belohnungslektion am Ende der Stunde verbinden und sich vielleicht irgendwann wieder auf die Arbeit freuen!

Reiten im Gelände

Das Reiten im Gelände stellt oft für Pferd und Mensch eine wesentlich höhere mentale Anspannung dar als auf dem vertrauten Reitplatz. Dies liegt einfach daran, dass keiner von uns weiß, was ihn alles erwarten wird, wenn er mit dem Pferd ins Gelände geht. Und eben dieses Unwissen, was da alles kommen mag und passieren könnte, spannt uns Menschen manchmal innerlich unbewusst an. Wir verhalten uns somit beim Ausreiten oft anders als beim Reiten auf dem Platz. Unsere Pferde spüren diese Habtachtstellung sofort und übernehmen sie. In Schrecksituationen führt das dazu, dass sie noch schneller und heftiger reagieren als im vertrauten Umfeld.

Wenn junge Pferde so entspannt und in der Gruppe schon an das Gelänge herangeführt werden, ist es eher unwahrscheinlich, dass sie später beim Ausreiten Ängste entwickeln werden.

Leider gibt es keine Patentlösung für das stressfreie Ausreiten im Gelände. In jedem Fall ist es wichtig, die Grundregeln für das sichere Reiten im Gelände zu beachten. Damit können Sie die Gefahrensituationen schon minimieren:

- Reiten Sie niemals alleine aus! Wenn es nicht anders geht, geben Sie wenigstens am Stall jemandem Bescheid, welche Tour Sie reiten und wie lange Sie unterwegs sind.
- Tragen Sie immer einen Helm und haben das Handy dabei. Sollten Sie stürzen, ist es vorteilhaft, auf Speed-Dial jemanden gespeichert zu haben, der auch sofort nach Ihnen schauen und Hilfe holen könnte! Tipp für Smartphone-Besitzer: Für das Gelände ein robustes Outdoor-Handy zulegen und eine Twin-Card beim Netzbetreiber anfordern.
- Nehmen Sie auf andere Rücksicht! Sie machen sich keine Freunde bei den Jägern, wenn Sie in der Dämmerung über offene Felder reiten, oder bei den Bauern, wenn Sie immer genau dann an den Wegen entlangreiten, wenn die Bauern mit ihren großen Maschinen gerade selbst zur Ernte oder Saat ausrücken. Ein paar Grundkenntnisse in Sachen Landwirtschaft und Jagd können nicht nur unangenehme Diskussionen vermeiden, sondern auch gefährliche Situationen und die damit einhergehenden Unfälle.
- Spielen Sie nie den Helden! Ihr Pferd wird nervös und Sie auch? Versuchen Sie nicht, nur um sich oder Ihren Mit-reitern etwas beweisen zu wollen, das „Problem" vom Sattel aus zu klären. Steigen Sie ab und führen Sie Ihr Pferd durch die vermeintliche Gefahr.

Nun folgen ein paar Tipps, wie Sie Ihrem Pferd die Angst im Gelände nehmen können:

- Planen Sie zunächst ausgiebige Spaziergänge. Ihr Pferd fühlt sich wohler, wenn es seinen Alpha voranschreiten sieht, als wenn er angespannt auf seinem Rücken sitzt.
- Scheut Ihr Pferd vor etwas, versuchen Sie, wenn möglich, es an die Gefahr heranzuführen. Sollte es ein Traktor oder eine Erntemaschine sein, ist das natürlich schwierig, aber ich habe auch gute Erfahrungen mit freundlichen Landwirten gemacht, die die Maschinen sogar kurz abstellten, damit mein Pferd sie sich ansehen konnte. Fragen kostet nicht mehr als ein wenig Überwindung, und es ist immer noch erstaunlich, wie hilfsbereit Menschen sein können, wenn man sie freundlich und respektvoll darum bittet!
- Ist Ihr Pferd in eine zu große mentale Anspannung geraten und wird es vom Sattel aus schwer kontrollierbar, steigen Sie ab und führen Sie es so lange, bis es wieder ruhig ist. Dies kann, je nach Stärke des Adrenalinschubes, bis zu 20 Minuten dauern. Für solche Gelegenheiten ist es günstig, einen längeren Führstrick dabeizuhaben, da aufgedrehte Pferde es oft beängstigend finden, wenn man sie zu dicht an sich führt.

- Erarbeiten Sie sich mit Ihrem Pferd neue Wegstrecken um den Stall herum immer Stück für Stück. Pferde haben ein gutes Orientierungsgefühl, aber es hat auch Grenzen. Wenn Sie Ihre Touren so planen, dass Sie entweder immer sternförmig vom Stall wegreiten und dann den gleichen Weg zu Beginn wieder zurück, oder in kleinen Rundtouren in Sichtweite um den Hof reiten, so wird dies Ihr Pferd beruhigen. Es weiß dann, dass es im Zweifelsfall schnell wieder zu Hause wäre.

- Bitten Sie jemandem vom Stall, mit einem ruhigen, erfahrenen Geländepferd mitzukommen. So kann sich Ihr Pferd eine mentale „Anlehnung" suchen. Im Idealfall kennt Ihr Pferd die Pferdebegleitung und steht in der Herde im Rang unter ihm. So können Sie sich die natürliche Herdendynamik zunutze machen.

- Die ersten Ausritte sollten nur im Schritt erfolgen, damit Ihr Pferd sich in Ruhe an die neue Aufgabe gewöhnen kann und nicht durch einen gut gemeinten schnellen Galopp in den Fluchtmodus fällt.

Gemeinsam und ohne Angst die Welt entdecken ...

„Autorität wie Vertrauen werden durch nichts mehr erschüttert als durch das Gefühl, ungerecht behandelt zu werden."

– Theodor Storm –

ANGST BEI VERÄNDERUNGEN UND AUSNAHME-SITUATIONEN

Das Pferd ist ein Gewohnheitstier – diesen Satz haben Sie sicherlich schon häufiger gehört. Doch was bedeutet dies genau? Und ist nicht auch der Mensch ein Gewohnheitstier?

Wieso reagieren Pferde auf Veränderungen mit Angst?

Wenn man sich die Evolution des Pferdes und seinen natürlichen Lebensraum ansieht, so erkennt man schnell, dass hier jegliche Veränderung oft auch mit einer Gefahr für Leib und Leben einherging. Der vertraute Bach war ausgetrocknet oder das Wasser durch einen Kadaver ungenießbar geworden? Dann bedeutete dieser Ausfall des Wassers eine lebensbedrohliche Situation für die ganze Herde. Wenn es in der Nähe des Ruhepunktes der Herde in einem

Unterholz nach Raubtier riecht, macht allein der neue Geruch die Herde nervös. Denn jetzt fühlen sich die Pferde an ihrem Schlafplatz nicht mehr sicher.

Durch dieses Vorwarnsystem, das die Pferde mobil und reaktionsschnell macht, reagieren sie in nahezu der Hälfte aller Fälle, in denen sich ihr direktes, vertrautes Umfeld auch nur geringfügig verändert, mit Skepsis, Angst und im schlimmsten Fall mit Panik.

Geschlechtsspezifisches Verhalten bei Veränderungen

Hengste, Wallache und Stuten reagieren aber auch geschlechts- und rangspezifisch auf Veränderungen in ihrem Umfeld: Starlight beispielsweise brauchte einmal mehrere Monate, um sich an eine neue Sitzbank außerhalb des Reitplatzes zu gewöhnen. Gegen Sitzbänke als solche hatte er nichts, gegen den Reitplatz auch nicht, aber dass sich in „seinem" Territorium ohne seinen Wunsch etwas veränderte, passte dem damals vier Jahre alten Hengst einfach nicht. Erst als er sich mehrfach davon überzeugen konnte, dass die Sitzbank wirklich kein Lebewesen war und er sie anstupsen konnte, ohne dass etwas Schlimmes geschah, akzeptierte er die Veränderung. Das ist übrigens dasselbe Pferd, das mir problemlos in jede Messehalle folgt und sich vor Tausenden von Menschen ohne zu überlegen hinlegt und auf den Rücken drehen lässt. Was ist der Unterschied?

Wenn wir auf einer Messe oder einer Show sind, ist alles fremd. Dann verlässt er sich auf mich als Alpha, dass ich mich in diesem neuen Gebiet auskenne und die Führung übernehme. In seinem Zuhause hingegen, das er als Hengst als sein Territorium betrachtet und dessen Pferde als seine Herde, reagiert er auf die kleinste Veränderung mit seinem natürlichen Instinktprogramm und macht um augenscheinliche Kleinigkeiten einen Riesenaufstand. Durch dieses deutliche Anzeigen der Veränderung besonders mir gegenüber will er aber nur seiner Pflicht als Leithengst nachkommen und mich über eine mögliche Gefahr informieren. Denn dies

Dem Hengst wird in der intakten Herde die Rolle des Beschützers zuteil. Daher reagieren Hengste manchmal in Angstsituationen mit Aggressivität.

wäre auch in der Natur seine Aufgabe als Hengst einer Herde.

Die Leitstute führt die Herde – auch durch fremdes Gebiet. Sie entscheidet, wo und wann gerastet wird, wo und wann gefressen und welcher Weg gegangen wird. Der Hengst hingegen ist außer zum Erhalt der Herde durch Fortpflanzung auch für die Sicherheit der Herde verantwortlich. Also wird er, wenn er bei seiner Herde ist, jede Neuerung genau anzeigen und auch überprüfen wollen. Ist er hingegen allein oder sieht sich in einem Stall nicht als Leithengst einer Herde an, zeigt er dieses Verhalten natürlich nicht. Und genau aus diesem Grund ist Starlight auf den Messen meist so völlig „unhengstig". Der „artige" Hengst ist aber immer auch ein Resultat seiner Erziehung. Denn wenn ein Hengst seinen Menschen „in der Fremde" nicht als Alpha akzeptiert, kann das ebenso zu großen Problemen und gefährlichen Situationen führen wie mit jedem anderen Pferd auch.

Bei Stuten verhält es sich meist etwas anders, insbesondere wenn wir es nicht mit der Alpha-Stute einer Herde zu tun haben. Diese Stuten fühlen sich in der Sicherheit der Herde oft am wohlsten und reagieren zu Hause nicht unbedingt so hef-

Der Stute kommt die Aufgabe zu, die Herde aus Gefahrensituationen herauszuführen.

tig auf Veränderungen wie ein Hengst – zumindest nicht in der Herde. Mit „ihrem" Menschen allein kann auch eine Stute bei einer Veränderung am Hof kurzerhand die Führung übernehmen. In diesem Fall sieht sie ihren Menschen nicht als ranghöher an und reagiert daher so auf die neue Situation, wie sie es als angemessen betrachtet. Was am vertrauten Stall meist schnell ausdiskutiert werden kann, kann in einer Situation außerhalb des Stalls, in der die vertraute Herde nicht mehr in Sicht ist, schnell zu einer ernsthaften Diskussion führen. Denn hier wird eine Stute, die den Menschen nicht als ihren Alpha akzeptiert, die Führung über diese Miniherde „mein Mensch und ich" übernehmen. Ob sie dazu geeignet ist oder nicht, sei dahingestellt, aber das Verhalten kann zu gefährlichen Situationen führen.

Wallache sind im Hinblick auf das geschlechtsspezifische Verhalten ein Zwischending. Das hängt auch davon ab, in welcher Phase ihrer körperlichen und mentalen Entwicklung die Kastration erfolgte. Meist sind Wallache aber relativ gleichbleibend in ihrem Wesen. Wenn sie zu Hause „ihren" Menschen nicht als Alpha akzeptieren, werden sie es „in der Fremde" auch nicht tun und eher außerhalb der vertrauten Herde unruhig werden oder versuchen, die Führung zu übernehmen.

Wenn Ihr Pferd auch zu geschlechtsspezifischem Verhalten bei Veränderungen neigt – seien Sie ein guter Chef und nehmen Sie die Sorgen Ihres Pferdes wegen des neuen Hockers in der Ecke der Reithalle

ernst. Denn das macht ihm vielleicht wirklich Sorgen. Zeigen Sie Ihrem Pferd in den beschriebenen Schritten, dass auch dieser kleine Hocker nichts Bedrohliches ist.

Es kann auch sein, dass Ihr Pferd die Veränderung nutzt, um Ihren Alpha-Status zu überprüfen. Auch dies gehört zu seinem Naturell: Denn wenn ein Alpha schon Veränderungen in der näheren Umgebung nicht wahrnimmt und mit der Gefahr adäquat umgeht, wie soll man diesem Alpha dann erst in fremdem Gebiet vertrauen können?

Nehmen Sie daher die Sorge Ihres Pferdes wahr und kümmern Sie sich angemessen um eine gemeinsame Bewältigung. Zeigen Sie Ihrem Pferd deutlich: „Ja klar, habe ich das gesehen, und ich sehe auch, dass es dir Sorgen macht. Aber du musst nichts befürchten, ich habe das längst im Griff." Solch ein ruhiges, souveränes, aber auch achtsames Auftreten Ihrem Pferd gegenüber wird Ihren Alpha-Status weiter ausbauen!

Stressfaktor Stallwechsel

Ein stiller und oft kaum für uns Menschen erkennbarer Stress für das Pferd ist ein Stallwechsel. Leider ist es heutzutage so, dass Pferde nicht in dem Stall, in dem sie geboren werden, eines Tages sterben. Manche Pferde gehen durch viele Hände und wechseln auch bei einem Besitzer öfter den Stall. Um es kurz zu machen: Zu viel ist nicht gut. Doch auch in der Natur wechseln

Pferde ab und zu die Herde. Junghengste werden in der Geschlechtsreife vom eigenen Vater mehr oder minder unsanft aus der Herde vertrieben und rotten sich zu Junggesellentrupps am Rande der Herden zusammen. Dort warten sie auf ihre Chance, entweder eine Stute einem anderen Hengst abspenstig zu machen oder einen alten Hengst aus seiner Position zu vertreiben. Doch auch Stuten wechseln manchmal in jungen Jahren die Herde, indem sie mit einem der jungen Hengste eine eigene Herde gründen oder selbst in eine andere wechseln. Dies kommt aber im Leben eines Pferdes nur einige wenige Male vor. Auf ein

Auch wenn der Stall noch so schön ist, muss das nicht heißen, dass das Pferd sich darin wohlfühlt.

wenig Wechsel hat die Natur unsere Pferde mental vorbereitet – auch um Inzucht zu vermeiden –, aber nicht auf einen Stallwechsel alle sechs Monate.

Und während es in der Natur dem Pferd auch relativ klar ist, warum es von einer Herde ausgestoßen wird oder in eine andere wechselt, so ist ein vom Menschen geplanter Stallwechsel für das Pferd kaum nachvollziehbar. Es wird mit dem Hänger umgezogen und muss dann sehen, wie es mit einer völlig neuen Umgebung und neuen Pferden klarkommt. Das kann ein großes Stressfaktor sein und ein Pferd unsicher und ängstlich machen.

Aber gerade in diesen Situationen ist es sehr wichtig, dass der Mensch absolute Ruhe und Souveränität ausstrahlt. Sie haben Ihre kleine Herde, die aus ihrem Pferd und Ihnen besteht, an einen anderen Ort geführt. Je mehr Ihr Pferd Ihnen vertraut, desto stressfreier wird der Stallwechsel.

Was Sie nicht vermeiden können, ist die Angst und der Stress, die Ihr Pferd erleben wird, wenn es in eine neue Weidegruppe integriert wird. Hier können und sollten Sie sich nicht einmischen. Versuchen Sie vielmehr, mit dem Stallbetreiber das Eingliedern Ihres Pferdes in die neue Herde stufenweise und möglichst stressfrei zu gestalten. Kleinere Rangzankereien in den ersten Tagen sind aber nicht zu verhindern und werden in jeder neuen Herde vorkommen: Der Neuling muss seinen Platz in der Herde erst finden, und das braucht ein wenig Zeit.

Auch die Umstellung der Ernährung kann für Ihr Pferd Stress bedeuten. Dies können Sie aber verhindern, indem Sie vom „alten" Stall eine ausreichende Menge Kraftfutter für mindestens vier Wochen mitnehmen. Wenn möglich, nehmen Sie auch noch ein paar Ballen des vertrauten Heus mit, damit dieses für die erste Woche am neuen Stall reicht. Das Heu mischen Sie am dritten Tag mit Heu vom neuen Stall, das Kraftfutter stellen Sie erst nach zwei Wochen nach und nach um, indem Sie langsam immer mehr neues Kraftfutter dazumischen.

Dennoch können in den ersten Tagen am neuen Stall Durchfall oder Kotwasser auftreten. Das kann einfach ein Zeichen von Nervosität sein. Beobachten Sie das und konsultieren Sie den Tierarzt, wenn sich der Durchfall nach drei Tagen nicht deutlich bessert.

Wenn Sie Ihrem Pferd etwas Beruhigendes geben möchten, beginnen Sie mit der Gabe noch am „alten" Stall und mindestens vier Wochen vor dem geplanten Umzug. Insbesondere Schüßler-Salze und Homöopathika eignen sich, um das Pferd natürlich und sanft für den bevorstehenden Umzug mental zu stabilisieren. Diese Mittel belasten im Gegensatz zu den klassischen Pharmazeutika den Verdauungstrakt nicht zusätzlich.

Einfach da sein ist wichtiger, als man denkt.

Stress auf Turnier, Show und Co.

Turniere, Shows und Messen sind Stress fürs Pferd – da sollte man sich nichts vormachen. Auch wenn Ihr Pferd den Applaus noch so liebt und Sie das Gefühl haben, es macht auch ihm Spaß, ein Rest Stress bleibt bei diesen Aktivitäten immer. Für uns Menschen übrigens auch.

Wenn wir unser Pferd in eine fremde Umgebung bringen, bei der es meist auch regelrecht umzingelt ist von mehr oder minder fachkundigen anderen Menschen, müssen wir uns unserer Verantwortung als Alpha besonders bewusst sein. Denn vor dem Pokal oder der Schleife sollten immer das Wohl Ihres Pferdes und seine körperliche und geistige Unversehrtheit stehen.

Was auch passiert, immer lächeln! Beim nächsten Mal klappt es besser.

Und lassen Sie sich hierbei nicht von falschem Ehrgeiz oder dem Gedanken an andere von Ihrer Verantwortung ablenken. Ich habe schon eine Show mit Shadow abgebrochen, weil ein Verkäufer am Stand neben der Showarena gerade in dem Moment, als Shadow in meinem Schoß lag, seine Bullenpeitschen demonstrierte und heftig damit knallte. Da Shadow in seiner Zeit vor mir bereits in sehr jungen Jahren negative Erfahrungen mit Peitschen gemacht hatte, kam sein altes Trauma wieder hoch: Er bekam richtig Angst und wollte nur noch aus der Halle heraus. Also ließ ich ihn sofort aufstehen und führte ihn ohne zu zögern hinaus. Kaum draußen, schüttelte er sich kurz, atmete tief durch und alles war gut.

Ich setzte die Show dann mit meinem Hengst Starlight fort, und ganz am Ende holten wir Shadow noch einmal kurz mit herein: Wir führten ihn einfach eine Runde herum. Dann legte ich ihn erneut hin, und ohne zu zögern folgte Shadow wieder meinen Anweisungen. Es war mir wichtig, ihm jetzt, nachdem er zehn Minuten draußen geführt wurde und sich beruhigen konnte, zu zeigen, dass die Halle völlig in Ordnung war und hier nichts Schlimmes geschehen würde. Shadow verließ dann hoch erhobenen Kopfes unter dem Applaus des Publikums die Arena.

Letztlich muss man sich bei solchen Vorfällen immer entscheiden, ob einem der eigene Geltungsdrang und Erfolg oder das Wohl seines Pferdes mehr wert ist – oder wie Otto von Bismarck es schon sagte: „Ein wenig Freundschaft ist mir mehr wert als der Ruhm der ganzen Welt." Man muss also seine eigenen mentalen und körperlichen Grenzen ebenso genau kennen wie die des Pferdes. Und während ich lange bereit war, meine eigenen körperlichen und mentalen Grenzen auch mal zu überschreiten, war ich für meine Pferde hier immer achtsam.

Meine Pferde sind trainiert, nicht abgerichtet. Sie sind Lebewesen mit Gefühlen und keine Maschinen. Und wann immer ich auf einer Veranstaltung das Gefühl hatte, dass meine Pferde zu Zwecken der Volksbelustigung, Profitgier oder des Geltungsdrangs von den Veranstaltern zu Gegenständen, die zu funktionieren hatten, degradiert wurden, habe ich gerne auf das Geld verzichtet und bin gegangen.

Show und Turniere können einem Pferd natürlich Spaß machen. Meine beiden Pferde haben auch Freude daran, im Mittelpunkt zu stehen, und zwar so sehr, dass ich meistens eher Probleme habe, sie aus der Arena wieder herauszubekommen. In jedem Fall sollte man auf Turnieren oder Shows ein paar Verhaltensregeln für sich selbst beachten:

- Auf Show oder Turnier werden keine Lektionen mehr geübt. Was zu Hause schon nicht klappt, wird jetzt erst recht nicht funktionieren und baut nur Stress und Druck auf, was die Situation für Pferd und Mensch noch angespannter macht.
- Reisen Sie, wenn Sie und Ihr Pferd Neulinge im Turniergeschäft sind, einen Tag vorher an und zeigen Sie Ihrem Pferd die Turnieranlage, bevor der Trubel losgeht. So kann es sicher sein, dass auch hier alles in bester Ordnung ist.
- Abreiten dient nicht dazu, das Pferd vor der Show oder dem Start müde zu machen, sondern um es zu lockern.
- Wenn Ihr Pferd zu nervös ist – vielleicht weil Sie nervös sind? –, verzichten Sie lieber auf einen Start, bevor das Abenteuer Turnier für Sie und Ihr Pferd zu einer negativen Erfahrung wird!
- Lassen Sie sich nicht durch Kommentare oder Blicke vom Publikum ablenken. Es wird immer Menschen geben, die es toll finden, was Sie machen. Und es wird immer Menschen geben, die krampfhaft etwas Negatives suchen und es herausstellen, um damit über die eigenen Unzulänglichkeiten hinwegzutäuschen oder um selbst Aufmerksamkeit zu erregen. Und es wird immer Menschen geben, die glauben, alles zu wissen und dies lautstark kundtun, auch wenn es fachlich betrachtet fraglich ist. Konzentrieren Sie sich auf Ihr Pferd, alles andere ist erst einmal völlig irrelevant. Nach der Show oder dem Turnier können Sie sich dann für diejenigen, die

wirklich Fragen haben, Zeit nehmen und mit ihnen diskutieren – nachdem Ihr Pferd sicher, ruhig und hoffentlich auch zufrieden wieder in seiner Box steht.

- Ihr Pferd soll Spaß am Abenteuer Turnier oder Show haben. Da dies gerade bei den ersten Malen wegen des nicht zu unterschätzenden Stressfaktors eher unwahrscheinlich ist, sorgen Sie zumindest dafür, dass Ihr Pferd keine negativen Erfahrungen mit dieser neuen Welt macht. Gestalten Sie Ihrem Pferd das Ganze stets so angenehm wie möglich. Ich weiß nicht mehr, wie viele Nächte ich auf Shows auf einem Feldbett vor Shadows Box geschlafen habe, weil er Angst hatte, allein gelassen zu werden.

- Sie gehen nicht auf die Show oder auf das Turnier, um zu zeigen, wie gut Sie sind, sondern damit Ihr Pferd zeigen kann, wie gut es ist. Sie sind nur Chauffeur, Manager und Assistent.

- Bereiten Sie Ihr Pferd zu Hause ruhig und gewissenhaft auf das Turnier vor. Hierzu gehört auch gezieltes Gelassenheitstraining. Denn wenn Ihr Pferd zu Hause gelernt hat, dass Blumentöpfe nicht beißen und Fahnen nicht angreifen, wird es auf dem Turnier vielleicht skeptisch, aber nicht panisch sein, wenn es diese Dinge sieht.

Es ist einfach nur ein schönes Gefühl, wenn man sich auf den Partner Pferd verlassen kann.

Wenn ihnen die Angst nicht im Weg steht, sind Pferde eigentlich für jeden Quatsch zu haben.

Öfter mal was Neues?

Pferde sind definitiv Gewohnheitstiere, aber auch sehr neugierige Wesen, die alles immer erkunden möchten. Nutzen Sie diesen Abenteuerdrang Ihres Pferdes und konfrontieren Sie es ruhig und ohne Stress mit neuen Situationen.

Schon der alte Reitmeister Xenophon rät (*Über die Reitkunst*, 2010), man solle junge Pferde an der Hand durch das Marktgetümmel führen, damit sie sich mit allerlei Gerüchen, Formen, Farben und Gegenständen und vor allem Menschenmassen vertraut machen können. Dies gehörte also schon vor über 2000 Jahren ganz selbstverständ-lich zur Ausbildung eines Pferdes. Und da man damals Kriegspferde ausbildete, deren Unerschrockenheit manchmal über das Leben ihres Reiters entschied, kann man sich denken, wie wichtig es war, ruhige und gelassene Pferde zu haben.

Im Nachbardorf ist ein kleines Hecken-turnier? Machen Sie mit Ihrem Pferd doch einen kleinen Ausritt dorthin, lassen Sie es das Turniertreiben in Ruhe anschauen und reiten wieder nach Hause. Beim nächsten kleinen Turnier in Ihrer Gegend verladen Sie das Pferd in den Hänger, fahren Sie hin, laden aus und schnuppern zusammen ein bisschen Turnierluft. Packen Sie den Equi-denpass sicherheitshalber ein und fragen

Für Starlight ist das Liegen immer das sichere Zeichen, dass das Training oder die Show beendet ist.

vorher den Veranstalter, ob Sie gegebenenfalls auch einmal kurz auf den Abreiteplatz dürfen. Meist zahlt man dafür eine kleine Gebühr, aber das ist es wert, um das Pferd in Ruhe an das Thema Turnier zu gewöhnen.

Eine gute Idee ist es auch, mit erfahrenen Turnierpferden aus dem Stall einfach einmal mitzufahren. Das vermittelt Ihrem Pferd wieder Sicherheit. Und die Nähe des Pferdekumpels, der den ganzen Trubel sehr gelassen hinnimmt, überzeugt das Pferd wesentlich schneller, dass hier alles in Ordnung ist, als Sie selbst. Je mehr Ihr Pferd auf diese Weise von der Welt erlebt,

desto selbstsicherer wird es werden und desto gelassener wird es neuen Situationen entgegensehen. Daher kann man nicht genug betonen, wie wichtig es ist, schon mit jungen Pferden spielerisch dieses Training zu beginnen.

Rituale geben Sicherheit

Ein Turnier oder eine Show ist und bleibt trotz aller Vorbereitung immer eine aufregende Sache. Daher sollten Sie auch versuchen, während eines Turniers mit Ihrem Pferd gewisse Rituale zu etablieren, die dann immer gleich ablaufen und ihm Sicherheit bieten.

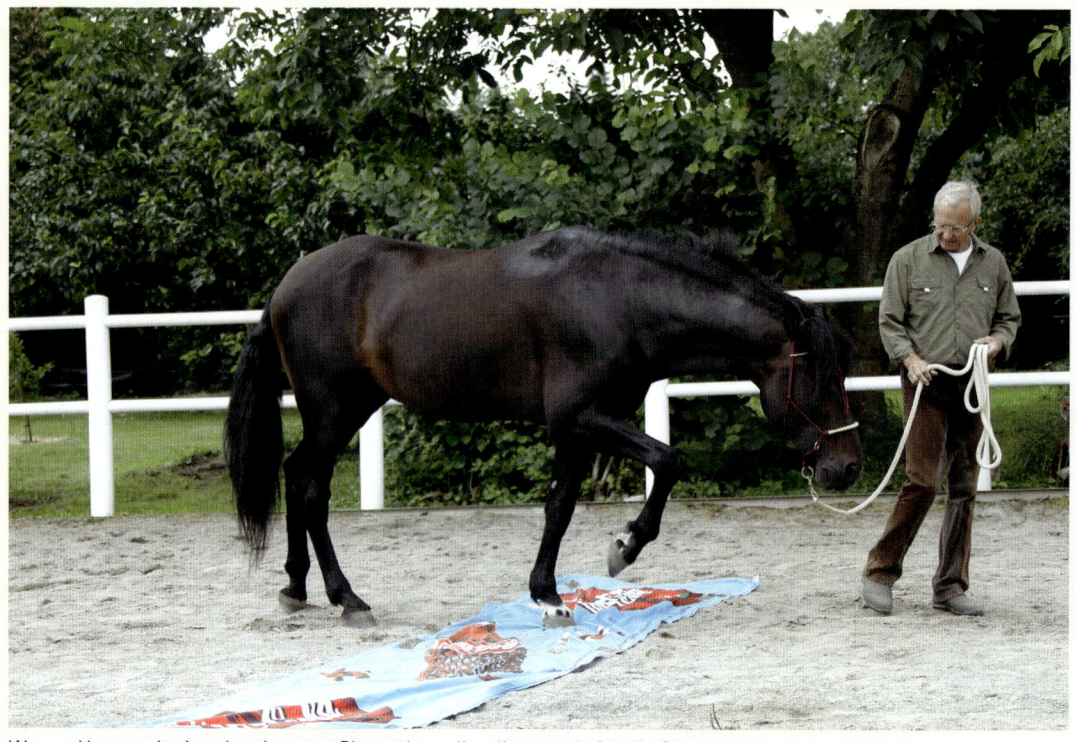

Wer zu Hause mit einer bestimmten Plane übt, sollte diese auch für die Show verwenden.
Der vertraute Gegenstand gibt dem Pferd in der fremden Arena Sicherheit.

Dies können Kleinigkeiten sein, wie beispielsweise immer auf derselben Seite mit dem Putzen zu beginnen: Wenn Sie zu Hause immer auf der rechten Seite beginnen, beginnen Sie unbedingt auch auf dem Turnier so. Führen Sie zu Hause Ihr Pferd auf den Reitplatz, führen Sie es auch auf dem Turnier auf den Abreiteplatz. Bekommt es zu Hause nach getaner Arbeit einen kleinen Belohnungshappen, so darf man diesen auf dem Turnier bei aller Aufregung und allem Stress nicht vergessen.

Machen Sie sich eine kleine Liste mit etwa zehn solcher kleiner Rituale. Davon sollten etwa fünf bis sieben vertraute Rituale aus dem heimischen Stall sein und der Rest dann neue, spezielle Turnierrituale. Wenn wir zu einer Show fahren, lasse ich beispielsweise meine Pferde sich in der neuen Arena möglichst erst einmal frei bewegen und dann wälzen – wenn das nicht geht, nehme ich sie an die Longe. Danach gehen wir gemeinsam einige Runden auf beiden Hufschlägen und bleiben in jeder Ecke und an jedem Lautsprecher kurz stehen und schauen uns alles ganz genau an. Danach lege ich beide Pferde auf dem X-Punkt der Arena einmal ab. So kann ich ihnen die Sicherheit vermitteln, dass ich hier alles im Griff habe und sie mir vertrauen können.

Sehr hilfreich kann auch der Einsatz von Musik sein. Bei Shows ist das kein Problem, da die Show zumeist schon zu Hause auf ein bestimmtes Musikstück einstudiert wird. Sobald das Pferd die vertrauten Klänge hört, assoziiert es im Idealfall diese Musik mit vielen positiven Erlebnissen beim Einstudieren der Choreografie.

Bei Turnieren gibt es manchmal die Möglichkeit, seine eigene Musik mitzubringen, die gespielt wird, während man in der Arena ist. Zumindest auf zahlreichen Reining-Turnieren habe ich dies schon erlebt. Es ist ein schöner Service von den Turnierveranstaltern, der Ihr Pferd vielleicht nicht gleich zum Sieger seiner Klasse macht, aber ihm dennoch weiteres Vertrauen gibt. Und es macht einfach auch Spaß, zur eigenen Musik zu reiten. Und wenn Sie sich entspannen und gut fühlen, ist die Chance, dass sich dies zumindest in Ansätzen auch auf Ihr Pferd überträgt, doch recht hoch!

Angst vor dem Verladen und Hängerfahren

Mit diesem Wissen, warum Pferde bei Veränderungen oft mit Angst reagieren, haben Sie vielleicht auch eine andere Sicht auf das Thema Hängerfahren entwickelt.

Sehen wir das Ganze aus der Sicht unserer Pferde: Sie schicken Ihr Pferd in ein viel zu enges, dunkles Loch hinein, schließen auch noch den einzigen Fluchtweg, und wenige Minuten später macht alles um das Pferd herum einen Höllenlärm und wackelt. Das Pferd muss um sein Gleichgewicht kämpfen. Wenn Sie Ihr Pferd in einen Hänger stellen, in dem es allein vielen unangenehmen Eindrücken ausgesetzt ist, ist das schon eine große Zerreißprobe für Freundschaft, Respekt und Vertrauen.

Um die Angst vor dem Hängerfahren zu minimieren oder im Idealfall ganz zu vermeiden, sollten Sie Ihr Pferd auch darauf stufenweise vorbereiten und einige Regeln rund um das Verladen beachten:

- Überprüfen Sie den Hänger vor jeder Fahrt auf seine Verkehrstauglichkeit und auf eventuelle Verletzungsrisiken für das Pferd. Jede Gefahren-, Angst- oder Verletzungsquelle, die wir vermeiden können, fördert die körperliche und geistige Sicherheit unseres Pferdes!
- Lernen Sie richtig Hänger fahren. Je sicherer und ruhiger Sie mit dem Hänger fahren, desto angenehmer wird die Fahrt für Ihr Pferd. Es lohnt sich auch, in einen Kurs speziell für Hängertraining zu investieren.
- Grundvoraussetzung für das Verladen selbst ist, dass Ihr Pferd Ihnen am langen Strick überallhin folgt. Üben Sie das, indem Sie gehen, anhalten, gehen und so fort. Wenn dies glückt, legen Sie auch mal ein Brett auf den Boden, das das Klappern der Hängerrampe simuliert, und lassen Sie Ihr Pferd darübergehen.

- Üben Sie das Rückwärtsgehen Schritt für Schritt und bringen Sie Ihrem Pferd auch bei, während des Rückwärtsgehens kurz stehen zu bleiben. Dies wird später das Risiko verringern, dass Ihr Pferd von der Rampe herunterstürmt und sich dabei verletzt.

- Machen Sie mit Ihrem Pferd die vertrauensfördernden Übungen im letzten Kapitel dieses Buches, insbesondere das Aufsteigen auf ein Podest und die Lektionen mit dem Schwungtuch. Das sind ideale Vorübungen für das Verladen.

- Verladen Sie Ihr Pferd auch einmal, ohne wegzufahren. Denn wenn Ihr Pferd jedes Verladen mit einer gewissen Anspannung von Ihnen assoziiert, wird es der Sache schon bald nicht mehr trauen und den Hänger selbst mit etwas Negativem verbinden. Daher ist es eine gute mentale Vorbereitung für Sie und Ihr Pferd, es nur einzuladen, im Hänger zu füttern und wieder auszuladen.

- Verladen Sie nie unter Zeitdruck! Pferde kennen keinen Zeitdruck, sie verstehen das auch nicht. Sie sehen nur, dass ihr Alpha von Minute zu Minute unruhiger wird, und vermuten eine Gefahr, die mit dem Hänger selbst verbunden sein muss.

- Hat Ihr Pferd bei einem seiner Vorbesitzer oder durch andere Gründe schlechte Erfahrungen mit dem Verladen und Pferdehänger gemacht, dann berücksichtigen Sie diese Vorerfahrung beim Training. Nehmen Sie das aber nicht zum Anlass, Ihr Ziel – das stressfreie Verladen und Hängerfahren – nicht zu erreichen. Als Shadow vor vielen Jahren als Problempferd auf der Ranch angeliefert wurde, lag er im Hänger, hatte die Füße durch die hölzerne Trennwand durchgeschlagen und war völlig panisch. Und so lag er wohl schon seit über vier Stunden. Mit Säge, Vorschlaghammer und viel Muskelkraft wurde das völlig verstörte Jungpferd aus dem Hänger befreit. Man könnte meinen, dass ein Pferd nach diesem Trauma nie wieder nur in die Nähe eines Hängers zu bekommen sei. Doch diese eine negative Erfahrung konnten wir im Laufe der Jahre mit vielen positiven überlagern. Shadow verbindet das Hängerfahren heute stets mit dem „Abenteuer Show". Da er wirklich gerne Shows macht, ist er meist kaum zu halten, wenn es in Richtung Hänger geht, und schwebt regelrecht hinein.

- Übung macht den Meister. Je öfter Sie und Ihr Pferd stressfrei Hänger fahren – auch wenn es nur eine kurze Strecke zum Training ist –, desto selbstsicherer werden Sie beide bei dieser Aufgabe werden. Und irgendwann gehört dann das Hängerfahren zum normalen Alltag wie das Aufhalftern und Putzen!

Die Reaktion des Reiters auf die Angst des Pferdes entscheidet, ob die Sache gut ausgeht oder nicht.

Der Angst-Quickcheck

Hier finden Sie einen kleinen Überblick über verschiedene Angstsituationen, in die Sie mit Ihrem Pferd geraten können, und die entsprechenden Reaktionsmöglichkeiten.

DAS PFERD SCHEUT AN DER HAND

- Reaktion: Sofort Führleine nachgeben, damit das Pferd seinen Angsthüpfer machen kann.
- Check: Wovor hat es gescheut?
- Check: Bin ich selbst angespannt und habe meinem Pferd Angst signalisiert?

- Korrektur: Nachdem sich die Aufregung gelegt hat, das Pferd wieder langsam an den Angstgegenstand heranführen.

DAS PFERD STEIGT AN DER HAND

- Reaktion: Sofort aus der Schusslinie gehen! Nicht den Helden spielen.
- Reaktion: Einen großen Bogen gehen und seitlich an das Pferd stellen.
- Korrektur: Mit einem angemessenen Ruck am Führstrick den Kopf des Pferdes zur

Seite holen und es aus der für das Steigen nötigen Balance bringen; es muss jetzt wieder zu Boden kommen.

- Korrektur: Durch einige Schritte rückwärts dem Pferd deutlich machen, dass Sie als Alpha auch in einer Schrecksituation kein Steigen dulden.
- Korrektur: Das Pferd jetzt in aller Ruhe an den Angstgegenstand heranführen.

DAS PFERD SCHEUT MIT DEM REITER IM SATTEL

- Reaktion: Nicht klammern! Versuchen Sie, der Bewegung ruhig zu folgen, und nehmen Sie die Zügel nur leicht wie zu einer Parade auf.
- Check: Werden die eigene Atmung und der Herzschlag schneller? Wenn ja, dann versuchen Sie, durch ruhiges, tiefes Atmen wieder „runterzukommen", um den Fluchtreflex des Pferdes nicht auszulösen.
- Korrektur: Das Pferd bestimmt, aber ohne Gewalt an den Schreckgegenstand heranführen; und wenn es vom Sattel aus nicht geht, dann einfach absteigen und das Problem zunächst am Boden klären.

DAS PFERD GEHT DURCH

- Reaktion: Nicht klammern! Nicht wild an den Zügeln ziehen!
- Check: Wie verläuft die eigene Atmung? Der Adrenalinausstoß? Der Herzschlag? Alles möglichst schnell selbst durch ruhiges Atmen unter Kontrolle bringen.
- Reaktion: Wenn die Möglichkeit besteht, das Pferd auf eine großzügige Kreisbahn lenken und diese immer weiter verkleinern,

bis es wieder zum Stillstand kommt; wenn das nicht geht, durch wechselseitige Paraden und ruhiges Zureden versuchen, das Pferd zu beruhigen.

- Korrektur: Sobald das Pferd angehalten hat, absteigen und sich das eigene Adrenalin von der Seele laufen; dann wieder aufsteigen und das Pferd zum Startpunkt des Durchgehens zum Klären der „Sachlage" zurückreiten.

DAS PFERD WILL AUS ANGST NICHT WEITERGEHEN

- Check: Wovor hat es genau Angst?
- Check: Signalisiert ihm meine Körperhaltung auch Unsicherheit?
- Korrektur: Nicht weiter nach vorne gehen, sondern das Pferd durch Schlangenlinien in immer anderen Winkeln an den Angstgegenstand heranführen, bis es ihn aus allen Blickwinkeln genau betrachten konnte und von seiner Ungefährlichkeit überzeugt ist.

DAS PFERD ERSCHRICKT DURCH ETWAS HINTER SICH UND SCHIESST AM MENSCHEN VORBEI

- Reaktion: Sofort zwei Schritte zur Seite machen und das Pferd mit dem Führseil auf eine Kreisbahn bringen; auf keinen Fall versuchen, es mit reiner Kraft zu bremsen; wenn man schon hinter ihm steht, ist das kaum machbar.
- Check: Angstverursacher finden.
- Korrektur: Das Pferd wie beim Longieren anhalten und aus verschiedenen Winkeln an den Angstgegenstand heranführen; wenn

dies nicht gleich geht, weil das Pferd emotional noch zu erregt ist, dann einfach den Angstgegenstand aus der Entfernung eine Weile ansehen lassen, bevor man Schritt für Schritt darauf zugeht.

DAS PFERD ERSCHRICKT DURCH ETWAS VOR SICH UND STÜRMT RÜCKWÄRTS

- Reaktion: Strick nachgeben und dem Pferd ruhig folgen; auf keinen Fall versuchen, es durch Ziehen am Strick anzuhalten. Der Druck auf das Genick würde den Fluchtreflex vollends auslösen.

- Reaktion: Darauf achten, dass das Pferd keine Chance hat, sich umzudrehen und loszurennen. Lassen Sie es ruhig einige Schritte rückwärtsgehen, bis es selbst davon überzeugt ist, genug Distanz zwischen sich und den Angstgegenstand gebracht zu haben.
- Check: Signalisiert meine eigene Anspannung dem Pferd Flucht? Atme ich ruhig, wie ist es mit meinem Herzschlag?
- Check: Angstverursacher lokalisieren.
- Korrektur: Das Pferd in Schlangenlinien in unterschiedlichen Winkeln an den Angstgegenstand heranführen, bis es von dessen Ungefährlichkeit überzeugt ist.

Lassen Sie Ihrem Pferd Zeit, um den Angstgegenstand zu überwinden.

„Selbstvertrauen gewinnt man dadurch, dass man genau das tut, wovor man Angst hat, und auf diese Weise eine Reihe von erfolgreichen Erfahrungen sammelt."

– Dale Carnegie –

(SELBST–)VERTRAUEN AUFBAUEN

Selbstvertrauen ist etwas, das uns nicht nur die Natur mitgegeben hat, sondern auch etwas, das wir lernen können. Ebenso ist es bei unseren Pferden. Auch von Natur aus ängstliche Pferde können mit unserer Hilfe an Selbstbewusstsein gewinnen und vor allem auch lernen, uns als Alpha ihr Vertrauen zu schenken.

Mut kann man lernen!

Wenn wir unserem Pferd neue Umweltreize und Gegenstände im Spiel näherbringen, wird die Angst erst gar nicht aufkommen. Das Pferd verknüpft von Anfang an den neuen Gegenstand mit etwas Positivem. Je öfter wir es schaffen, solche Verknüpfungen bei unserem Pferd zu erstellen, desto offener und gelassener wird es neuen Situationen entgegentreten.

FAHNEN

Wenn wir unser Pferd an flatternde oder sich durch Wind bewegte Gegenstände gewöhnen wollen, gehen wir in der Angstbewältigung nach dem Prinzip „vom Kleinen zum Großen" vor. In der Praxis bedeutet das, dass ich die Fahne zusammenrolle und dann aufgerollt von meinem Pferd anstupsen lasse. Das Anstupsen wird mit einem Lob oder einer kleinen Belohnung gewürdigt.

Dann geht ein Helfer mit der Fahne vor dem Pferd her und ich ermutige es, dem neuen Gegenstand zu folgen und ihn erneut mit der Nase zu berühren. Das Pferd erlernt auf diese Weise schon im Grundsatz, dass es den Gegenstand wegtreiben und damit die Führung übernehmen kann, wenn es sich auf den Gegenstand zu bewegt. Die aufgerollte Fahne wird im Laufe des Spiels immer weiter ausgerollt, bis sie in voller Größe herumweht, das Pferd ihr folgt und sie immer wieder anstupst.

Ist dieser Teil des „Spiels" geglückt, beginnen Sie, die Fahne wieder teilweise einzurollen und damit das Pferd zu berühren. Es wird diesen Teil des neuen Spiels vielleicht sogar langweilig finden und würde lieber der Fahne nachlaufen. Ist dies der Fall, haben Sie das Selbstbewusstsein Ihres Pferdes schon ein ganzes Stück vorangebracht!

POI/KIWIDO

Ein besonders schöner Spielgegenstand, den ich immer wieder gerne beim Anti-Schreck-Training verwende, sind sogenannte Pois oder Kiwidos. Sie sind wesentlich handlicher als Fahnen und lassen sich vielfältiger bewegen. Je nach Material machen sie zusätzlich auch noch interessante Geräusche. Mit den Pois kann ich ein Pferd auch an schnelle Bewegungen vom Sattel aus gewöhnen, indem ich die Pois über, neben, vor, hinter ihm und auch über seinem Rücken schwinge. Allerdings beginnt man damit am Boden und übt erst später vom Sattel aus. Auch für Pferde, die meist erschrecken, wenn Vögel aufflattern, ist das Trainieren mit den Pois sehr vorteilhaft.

Bevor man sich allerdings mit den Pois ans Pferd wagt, sollte man diese kleinen, oft etwas eigenwilligen Flugspielzeuge gut beherrschen – Trockenübungen sind dafür besonders geeignet.

Snowboy inspiziert neugierig das Flattertuch.

SCHWUNGTUCH

Die Arbeit mit dem Schwungtuch lässt sich sehr vielseitig gestalten. Zum einen kann man es wie eine Fahne vor dem Pferd über den Boden bewegen und das Pferd animieren, dem Gegenstand zu folgen. Man kann es auch in Wellen vor dem Pferd über den Boden schwingen, sodass es aussieht, als würde der Boden sich bewegen. Dieses Spiel ist besonders für Pferde geeignet, die etwas schreckhaft sind, wenn irgendetwas an ihre Beine gerät oder im Gelände beispielsweise ein Hase aus der Deckung he-

Snowboy ist sich noch nicht ganz sicher, was das mit den Pois werden soll.

Sein Bruder Starlight sieht die Sache
schon etwas entspannter.

Selbst beim Reiten stören ihn
die schwingenden Pois nicht mehr.

raushüpft. Das Pferd kann durch das Schwungtuch am Boden lernen, dass nicht jede Bewegung etwas Gefährliches sein muss.

Natürlich kann das Schwungtuch auch für seinen ursprünglichen Zweck verwendet werden, und man kann mit dem Pferd in jeder nur erdenklichen Weise darunter hindurchgehen. Dies stärkt vor allem das Selbstvertrauen von Pferden, die unter anderem Probleme mit Engpässen aller Art und mit dem Verladen haben. Pferde gehen nicht gerne unter etwas hindurch, über das sie hinwegschauen können. Durch die spielerische Arbeit mit dem Schwungtuch kann das Pferd aber lernen, diese Urangst in den Griff zu bekommen und seinem Menschen zu vertrauen.

Auch hier beginnt man natürlich erst im „Kleinen", indem man das Schwungtuch zusammenrollt und dann von zwei möglichst großen Helfern hochheben lässt, sodass es wie ein breites Band in der Luft hängt. Lassen Sie zunächst das Pferd an dem abgesenkten Schwungtuch schnuppern und spielen Sie das „Anstups-Spiel". Dann bitten Sie die Helfer, das Schwungtuch langsam hochzuheben, und führen Ihr Pferd darunter hindurch. Danach lassen Sie es wieder an dem Schwungtuch schnuppern und belohnen es für seinen Mut.

Im Lauf des Trainings wird das Schwungtuch dann immer breiter, bis es zu seiner vollen Größe von mehreren Helfern ausgebreitet wird und das Pferd darunter hindurchgeht. Als Steigerung kann man, sobald das Pferd unter dem Schwungtuch steht, dieses ein wenig absenken, sodass es sich auf den Hals und Rücken des Pferdes legt. So spürt es, dass ihm selbst in so beengten Verhältnissen nichts passiert und es „seinem" Menschen vertrauen kann.

Glückt auch dieses Absenken, kann man beginnen, das Pferd langsam in das Schwungtuch einzuwickeln. Auch hierbei fängt man klein an und breitet das Schwungtuch erst stückchenweise über das ganze Pferd aus. Etwas unsichere Pferde gewinnen bei dieser Übung schneller an Selbstvertrauen, wenn Sie als Alpha auch einen Teil des Tuches um sich legen und dem Pferd damit zeigen, dass es ungefährlich ist.

Zirkuslektionen als Ego-Booster

Durch Zirkuslektionen können Sie Ihrem Pferd ermöglichen, ein ganz neues Körpergefühl und eine ordentliche Portion Selbstvertrauen aufzubauen. Bei Pferden sind – ebenso wie bei uns Menschen – gewisse Körperhaltungen mit gewissen Gefühlen gekoppelt. Wenn es gelingt, diese Körperhaltungen durch Zirzensik oder Freiheitsdressur gezielt abzurufen, können Sie damit den Gemütszustand Ihres Pferdes positiv beeinflussen. Voraussetzung für ein Gelingen ist selbstverständlich, dass sie Ihrem Pferd die Lektionen gewaltfrei und in angemessenem Lerntempo fachgerecht vermitteln.

Hier alle Zirkuslektionen aufzulisten, die das Selbstbewusstsein des Pferdes stärken,

PRE-Hengst Arli bekämpft mutig das Schwungtuch.

Unter dem Schwungtuch hindurchzugehen, ist für viele Pferde eine große Überwindung.

Wenn man durch das Schwungtuch hindurch den Rücken gekratzt bekommt, ist das eigentlich eine feine Sache ...

Dann kann das „Personal" ruhig auch noch mit darunterstehen.

und deren Training erklären, würde leider den Rahmen dieses Buches sprengen (siehe dazu Karin Tillisch, *Zwischen Freiheit und Dressur*, Cadmos, 2013). Aber einige einfach umsetzbare Zirkuslektionen, die Ihrem Pferd zu mehr Selbstvertrauen verhelfen können, folgen jetzt:

STEP-UP

Das Step-Up ist eine Vorstufe der Polka, die dann später in den Spanischen Schritt übergeht. Stellen Sie sich für diese Übung vor Ihr Pferd und touchieren es mit der Pitsche der Gerte am Vorderbein leicht an. Das Pferd wird dann entweder das Bein kurz anheben oder mit dem Muskel zucken, als wolle es eine Mücke verscheuchen. Belohnen Sie diese Reaktion mit Lob oder Leckerli.

Im Lauf des weiteren Trainings wird die Reaktion dann schneller und deutlicher, da Ihr Pferd an Selbstvertrauen gewinnt und sich traut, das Bein höher zu heben. Jetzt sollten Sie auch nicht mehr direkt vor dem Pferd stehen, sondern auf Schulterhöhe an seiner Seite und von dort das Touchiersignal zusammen mit dem gewünschten Stimmkommando geben. Ich verwende selbst zwei verschiedene Schnalztöne, einen hohen für das äußere Bein und einen tiefen für das innere, aber man kann ebenso gut „Tick" und „Tack" oder „Step" und „Up" verwenden.

Hat das Pferd die Übung im Stehen verstanden, folgt nun der nächste Schritt. Führen Sie Ihr Pferd an der Bande entlang, halten Sie es an und fragen dann eines der

Beine an. Sobald das Pferd das Bein hebt, bedeuten Sie ihm, sofort wieder vorwärtszugehen, sodass es das Bein in einem hohen Bogen in Bewegung absetzt und im Schritt weitergeht. Halten Sie dann Ihr Pferd wieder an, loben Sie es und wiederholen Sie die Übung auch mit dem anderen Vorderbein. Glückt dies, können Sie beginnen, einen Rhythmus zu erarbeiten, bei dem das Pferd das Bein hebt, dann einige Schritte geht und anschließend dasselbe Bein wieder hebt. Es ist eine Variation der Polka, die noch auf den Wechsel der Beine verzichtet: Das Pferd hebt das rechte Vorderbein, geht drei normale Tritte und hebt dann wieder das rechte Vorderbein. So koordinieren Sie zunächst das eine Bein stressfrei für das Pferd. Glückt es mit dem rechten Vorderbein, üben Sie das Gleiche auch mit dem linken Vorderbein.

Erstmal mit einem Bein das Podest erspüren ...

Durch das Step-Up imitiert Ihr Pferd die „Angeberpose" eines Pferdes, wenn es ein anderes Pferd beeindrucken will. Somit ist das Pferd mental mehr im Spiel und Angeben – und nicht mehr bei einer eventuellen Angst.

Glückt das Step-Up, haben Sie später auch keine Probleme, Ihrem Pferd in nur wenigen Schritten die „richtige" Polka und den Spanischen Schritt beizubringen.

FUSSBALLSPIELEN

Nach dem Step-Up kann man den Ego-Booster noch etwas ausbauen und das Pferd mit einem großen Gymnastikball (mindestens 80 Zentimeter Durchmesser)

konfrontieren. Natürlich wird es darauf erst etwas skeptisch reagieren, es kann ja nicht wissen, dass dieser Gegenstand harmlos ist und gleich vor ihm wegrollen wird. Daher zeigen Sie Ihrem Pferd, was es machen soll, indem Sie selbst den Ball vor sich herrollen und das Pferd dem Ball folgen lassen – wie wir es immer bei der aktiven Angstbewältigung machen. Dabei darf das Pferd den Ball auch wieder anstupsen und wird dafür belohnt.

Nun stellen Sie sich wieder vor das Pferd und sorgen dafür, dass der Ball genau zwischen Ihnen und Ihrem Pferd liegt. Ihr Pferd weiß jetzt ja bereits, dass der Ball vor ihm wegrollen kann. Bitten Sie Ihr Pferd

... und dann das Ego um mindestens 40 Zentimeter wachsen lassen.

PODEST

Als Fluchttier möchte ein Pferd immer gerne den Überblick über das Gelände behalten. Und das geht natürlich besonders gut, wenn man plötzlich bis zu 40 Zentimeter größer ist. Die Arbeit am Podest bietet dem Pferd wortwörtlich die Möglichkeit, sich groß zu fühlen.

Auch hierfür ist es nützlich, wenn das Pferd zuvor schon das Step-Up gelernt hat und auf Antouchieren ein Bein selbstständig auf das Podest stellt. Sollte es hierbei zögern, dann helfen Sie ihm zunächst wieder mit der Anstups-Methode und heben Sie ihm das Bein auf das Podest. Bewaffnet mit einer möglichst langen Möhre locken Sie Ihr Pferd dann etwas nach oben und vorne, sodass es das Gewicht auf das Bein auf dem Podest verlagert, das zweite Vorderbein nachzieht und schließlich mit beiden Vorderbeinen auf dem Podest steht.

nun durch das Step-Up, ein Bein zu heben, geben Sie aber das Kommando „Kick". Es kann sein, dass das Pferd, wenn der Ball wegrollt, erstmal vor seiner eigenen Courage erschrickt. Loben Sie es deshalb ausgiebig, wenn es den Ball das erste Mal gekickt hat.

Wenn das Pferd allerdings erst einmal verstanden hat, dass es selbst diesen großen Gegenstand bewegen kann, gibt es gerade bei zuvor etwas ängstlichen und reservierten Naturen oft kein Halten mehr! Die Pferde toben sich dann regelrecht mit dem Ball aus. Daher sollten Sie Ihr jetzt sehr selbstbewusstes Pferd mit dem Ball nie alleine lassen, damit es sich in seinem Übermut nicht verletzt.

Für etwas unkoordinierte Naturen empfiehlt es sich, die Vorderbeine mit Gamaschen oder Bandagen zu schützen. Sobald Ihr Pferd mit den Vorderbeinen sicher auf dem Podest steht, loben Sie es ausgiebig. Das Absteigen vom Podest erfolgt aus dieser Position immer über das Rückwärtsrichten. Um meine Pferde vor dem steilen Schritt nach unten zu warnen, sage ich immer deutlich „Jetzt", wenn das erste Vorderbein die Kante des Podestes passiert und nach dem Boden tastet. Schließlich liegt es auch in meiner Verantwortung als Alpha, für das sichere Absteigen zu sorgen!

„Die reinste Form des Wahnsinns ist es, alles beim Alten zu belassen und zu hoffen, dass sich etwas ändert."

– Albert Einstein –

ANGSTPRÄVENTION: WEHRET DEN ANFÄNGEN!

Bisher haben wir uns in diesem Buch ausgiebig mit verschiedenen Arten der Angst und deren Bewältigung beschäftigt. Zum Ende des Buches will ich Ihnen nun noch ein Kapitel an die Hand geben, das Ihnen zeigt, wie Angst beim Pferd im Vorfeld gemindert und teilweise sogar vermieden werden kann.

Wie jedes Lebewesen wird auch unser Pferd im Laufe seines Lebens durch verschiedene Faktoren beeinflusst, die es prägen und dann letzten Endes auch für gewisse Verhaltensmuster zuständig sein können.

Artgerechte Haltung

Man kann und muss es immer wieder betonen – eine artgerechte Haltung ist enorm wichtig für das körperliche und auch geistige Wohl des Pferdes.

Insbesondere bei der Angstprävention spielt die Haltung eine große Rolle. Pferde, die die meiste Zeit ihres Lebens in einer Box verbringen und nur zum Reiten in der Halle herauskommen, sind sehr wenigen Umweltreizen ausgesetzt. Daher sind diese Umweltreize für sie stets fremd – und was fremd ist, das macht einem Pferd in erster Linie einfach nur Angst.

Allerdings will ich nicht die Boxenhaltung verteufeln und die Gruppenhaltung über alle Maßen loben. Denn auch bei der Gruppenhaltung gibt es teilweise Situationen, die bei den Pferden Ängste entstehen lassen können.

Dies kann beispielsweise der Fall sein, wenn die Pferdegruppe sich untereinander nicht wirklich versteht und es immer wieder zu Reibereien kommt. Diese großen und kleinen Rangeleien können einem sensiblen Pferd wirklich auf das Gemüt schlagen und zu einer permanent unterschwellig vorhandenen Spannung führen. Diese Spannung kann sich dann beim kleinsten zusätzlichen Reiz außerhalb des gewohnten Umfeldes – beispielsweise einem Silageballen beim Ausritt am Wegesrand – blitzartig entladen. Weder der unterschwellige Stress am Stall noch der Silageballen selbst hätten dann die Angst ausgelöst, sondern die unglückliche Kombination von beidem.

Daher ist bei der Gruppenhaltung sehr darauf zu achten, Pferde zu vergesellschaften, die sich vom Wesen und den Neigungen her ähnlich sind und somit gut miteinander auskommen. Das bedarf einiges an Geschick und Pferdewissen auf Seiten des Stallbetreibers. Leider werden in den meisten Ställen diese Offenstallgruppen eher nach den Wünschen der Menschen zusammengewürfelt, und nicht nach denen der Pferde.

So kann es doch sein, dass gerade sensible Pferde froh sind, ihre eigenen vier Wände zu haben. Täglicher Kontakt zu Artgenossen auf der Weide ist natürlich unabdingbar für eine ausgeglichene Psyche des Pferdes. Doch gerade sensible oder ängstliche Pferde sind mitunter auch in der Rangfolge eher im unteren Drittel anzusiedeln. Sprich, wenn es Spannungen in der Herde gibt, werden diese von den Ranghohen an die Rangniederen weitergegeben und der Druck nimmt nach unten hin immer mehr zu. Rangniedere Pferde brauchen zwar trotz allem die Herde für ihr Wohlbefinden, aber sie sind meist doch ganz froh, zumindest den Abend und die Nacht in der eigenen Box verbringen zu können. Hier haben sie dann Zeit, sich zu entspannen und zu ruhen.

Der tägliche Weidegang – oder zumindest Auslauf auf einem ausreichend großen Paddock – ermöglicht es dem Pferd des Weiteren, seine Umwelt in einem als sicher empfundenen Rahmen wahrzunehmen. Es befindet sich in seiner Komfortzone. Der Paddock und die Box sollten ebenso wie die Weide immer die Komfortzone des Pferdes sein. Dies bedeutet aber für uns Menschen auch, dass in diesen Zonen mit dem Pferd nicht gearbeitet wird! Es sind seine Rückzugsgebiete, in denen es sich absolut sicher fühlen kann. Daher halte ich auch rein nichts davon, ängstlichen Pferden ihre Angstgegenstände in die Box zu werfen – in der Hoffnung, sie würden sich irgendwann mangels Ausweichmöglichkeit damit abfinden.

Würden Sie ein kleines Kind, das Angst vor der Dunkelheit hat, zur „Kur" dieser Angst nachts in sein Zimmer einsperren

Ein natürliches und artgerechtes Leben ist in der heutigen Zivilisation dem Pferd kaum noch zu bieten.

und die Rollläden herunterlassen, damit es die Nacht im Stockdunklen verbringen muss? Auf diese Idee würden Sie sicher nicht kommen, das wäre unverantwortlich und grausam. Denn was diese „Kuren" mit sich bringen würden, wäre, dass weder Pferd noch Kind sich in ihren eigentlichen Komfortzonen weiterhin sicher fühlen würden.

Lassen wir aber unserem Pferd seine Komfortzonen, so können bald die „gefährlichen" Gegenstände am Rande dieser Zonen auftauchen, ohne dass das Pferd dadurch in Panik gerät.

Sicherlich hat das fast jeder von uns schon einmal gesehen: Die Pferde sind auf der Weide und ein Traktor brettert daran vorbei. Die Pferde heben maximal kurz den Kopf, schauen dem Ungetüm nach und fressen dann weiter. Die Herde fühlt sich in ihrer Komfortzone sicher, und solange nun der Alpha kein deutliches Signal zur Flucht gibt, rast auch keiner los. Wenn uns aber genau dieser Traktor mit auch genau diesem Landwirt ein paar Tage später beim Ausritt begegnet, kann das schon wieder völlig anders sein.

Pferde jedoch, die in der Sicherheit der Komfortzone und Herde am Rand immer wieder „Begegnungen der dritten Art" haben, sehen bald neuen Dingen wesentlich gelassener entgegen als Pferde, die diese optischen und akustischen Reize mangels Freigang nicht erleben.

Mein Ponyhengst wuchs beispielsweise auf einem Hof auf, auf dem der Chef fast den ganzen Tag mit allerlei großen landwirtschaftlichen Maschinen hantierte.

Der Hengst war mit diesen Maschinen von klein auf vertraut und erlebte nie schlimmes. So war es auch nicht verwunderlich, dass unser Ponyhengst sich die Sliding Blades für die Reining von seinem Hufschmied problemlos mit der Flex nachschleifen ließ – wohlgemerkt dann, wenn sie schon an seinen Hufen waren. Die Funken flogen, die Flex machte einen Höllenlärm – und Starlight döste völlig entspannt auf drei Beinen vor sich hin. Währenddessen beäugte Shadow jedoch, der unter völlig anderen Umständen und mehr oder minder sich selbst überlassen aufgewachsen war, das funkende Treiben aus gut 30 Metern Entfernung in angespannter Habtachtstellung.

Starlights Coolness ist zum einen erblich bedingt, aber viel davon ist auch anerzogen.

„Am Anfang hast
Du das Pferd,
das Du brauchst,
am Ende hast Du
das Pferd, das
Du verdienst."

– Heinz Welz –

MEIN PFERD – MEIN SPIEGEL

Wenn wir von der Komfortzone des Pferdes sprechen, die sein seelisches Wohlbefinden stark mitbestimmt, müssen wir uns darüber klar sein, dass auch wir ein wichtiger Teil dieser Komfortzone sind.

Wenn unser Pferd uns wirklich als Alpha und auch als Freund akzeptiert hat, so wird es sich auch stets an unserer eigenen Stimmung orientieren und diese mehr oder minder spiegeln. Insbesondere sensible Pferde lassen sich sehr durch den Gefühlszustand „ihres" Menschen beeinflussen.

Im täglichen Umgang mit Pferden bedeutet dies für uns eine enorm große Verantwortung, aber auch teilweise große Probleme, die nicht mal eben schnell zu lösen sind. Denn ebenso wenig, wie unsere Pferde ihre Gefühle bewusst kontrollieren können, gelingt dies uns. Auch wir sind unseren Gefühlen oft machtlos ausgeliefert, insbesondere dem Gefühl der Angst. Angst kann auch uns Menschen regelrecht lähmen oder panisch machen, und unser Verhalten ändert sich dadurch grundlegend. Pferde können diese Angst – auch wenn sie noch ganz tief in uns ruht und wir uns ihr noch gar nicht selbst bewusst sind – spüren. Sie sehen es an unserem leicht veränderten Verhalten – beispielsweise an unserer Körperhaltung, der Spannung der Muskeln oder auch der Art, wie wir uns bewegen. Sie riechen es auch, da unser Körpergeruch sich bei Angst durch das im Blut vorhandene Adrenalin und andere Stoffe erheblich verändert. Und manchmal hat man sogar das Gefühl, dass unsere Pferde unsere Angst auch hören können – eine Veränderung oder ein Zittern in der Stimme, schnellere Atmung und vieles andere mehr.

Ein Pferd, das sich dazu entschieden hat, seinen Menschen als Alpha anzusehen, wird natürlich umgehend selbst unruhig werden, wenn es bemerkt, dass sein Alpha gerade Angst hat. Durch die Unruhe des Pferdes wird manchmal der Mensch noch unruhiger, was dann die Angst des Pferdes wiederum verstärkt, und ganz schnell ist man in einer Angstspirale gefangen, aus der man nur schwer selbst den Ausstieg finden kann.

Daher sollte man sich, bevor man mit dem Pferd arbeitet, einen Grundsatz sehr zu Herzen nehmen: Niemals sollte man mit dem Pferd arbeiten, wenn man selbst emotional aufgewühlt ist. Pferde spiegeln sehr gut die Gefühle ihrer Menschen. Bei positiven Gefühlen kann ein Training äußerst harmonisch und effektiv sein, bei negativen Gefühlen jedoch wird selten etwas „Brauchbares" dabei herauskommen. Im Gegenteil: Wer in einer negativen oder angsterfüllten Stimmung trainiert, der muss eher mit Rückschritten als mit Fortschritten rechnen.

Wenn Sie also bemerken, dass Ihnen heute einfach nicht nach Training mit Ihrem Pferd zumute ist, weil sie selbst sehr aufgewühlt, ängstlich, traurig, aggressiv oder depressiv sind, gönnen Sie sich selbst und

Ihrem Pferd einfach einen oder zwei Tage Pause, bis Sie sich wieder in Balance fühlen. Damit tun Sie sich und Ihrem Pferd einen großen Gefallen!

In diesem Zusammenhang sollte auch erwähnt werden, dass neben einer angsterfüllten Grundstimmung auch eine aggressive und zu leistungsorientierte Haltung des Menschen das Pferd ängstlich machen kann. Stetiger körperlicher und mentaler Druck kann bei einem Pferd die gleichen seelischen Schäden anrichten wie auch bei einem Menschen. Daher sollte man sich stets im Umgang und im Training um einen freundlichen Ton und ein faires, klares Miteinander mit dem Pferd bemühen.

Der Mensch ist für das Pferd da und nicht das Pferd für den Menschen.

Zu viel Druck und übersteigerte Erwartungen lösen bei vielen Pferden eine stete Anspannung aus, die sich schnell in einer dauerhaften Angst vor dem Menschen manifestieren kann. Diese Pferde haben dann schon Angst davor, geritten zu werden, oder spannen sich bereits an, wenn ihr Mensch auch nur in ihrer Nähe ist. Das kommt daher, dass sie mit dem Leistungsdruck, den der Mensch sich selbst macht, nichts wirklich anfangen können. Ein Pferd kennt Leistungsdruck in diesem Sinne aus seiner Umwelt nicht. Es ist ein Pflanzenfresser – und Gras wächst fast überall. Daher hat es keinerlei Beutetrieb und weiß damit auch einen Sieg beim Turnier oder eine Trophäe nicht zu schätzen. Der Mensch setzt als Raubtier diesen Erfolg immer noch mit einem Jagderfolg aus der Urzeit gleich.

Allerdings spürt das Pferd die enorme innere Anspannung des Menschen, der nun alles auf dieses Ziel, diesen Erfolg ausrichtet. Und in seiner Natur als Raubtier verfolgt er dieses Ziel mit großem Elan und manchmal auch ohne Rücksicht auf Verluste. Das Pferd wird in diesem zielstrebigen Handeln, das bei manchen Menschen auch einhergeht mit etwas gröberer Hilfengebung oder sogar körperlicher Gewalt dem Pferd gegenüber, sogar das Raubtierverhalten erkennen, was ihm dann natürlich noch mehr Angst machen wird.

Daher sollten wir im Umgang und auch beim Training unserer Pferde den eigenen Ehrgeiz und Geltungsdrang immer ganz weit hinten anstellen. Zielstrebigkeit ist eine Tugend, sie darf aber nicht auf Kosten des Partners Pferd und dessen Wohlbefinden ausgelebt werden.

Bauen Sie also in den wöchentlichen Trainingsablauf auch immer mal wieder sogenannte „Quality Time" ein. Quality Time bedeutet in diesem Fall, dass Sie ganz ohne Erwartungen und Leistungsgedanken einfach einmal Zeit mit Ihrem Pferd verbringen. Ein gemeinsamer Spaziergang kann zum Beispiel für beide Parteien eine Wohltat sein und stärkt die freundschaftlichen Bande zwischen Pferd und Mensch. Wenn Ihr Pferd Sie mag und keine Angst vor Ihrem ab und wann durchbrechenden Raubtierverhalten hat, so ist es auch um einiges ruhiger und leistungsfähiger als ein Pferd, das beim Gedanken an die nächste Trainingsstunde sinnbildlich schon Bauchweh bekommt.

Und auch dem Menschen selbst tut es einfach gut, sich von den Klauen unserer überdrehten Leistungsgesellschaft zu verabschieden – wenigstens für ein paar Stunden die Woche. Die meisten von uns haben ihre Pferde ja zum Hobby – und ein Hobby sollte einen mentalen und stressfreien Ausgleich zum leistungs- und profitorientierten Alltag liefern. Machen Sie sich also keinen Stress mit Ihrem Pferd! Es ist Ihr Hobby, nur Sie müssen toll finden, was Sie da tun und erreichen. Die Meinung Dritter soll und darf Sie nicht beeinflussen. Ihr Maßstab, ob Ihr Training und Handeln nun gut ist oder nicht, ist einzig und allein das Wohlbefinden und im Idealfall die Freundschaft Ihres Pferdes!

FAZIT

Eines Tages besucht ein Hund den Tempel der tausend Spiegel. Er steigt die hohen Stufen hinauf, betritt den Tempel, schaut in die tausend Spiegel, sieht tausend Hunde, bekommt Angst und knurrt. Mit gekniffenem Schwanz verlässt er den Tempel in dem Bewusstsein: Die Welt ist voller böser Hunde. Kurze Zeit später kommt ein anderer Hund in den gleichen Tempel. Auch er steigt die Stufen empor, geht durch die Tür und betritt den Tempel der tausend Spiegel. Er sieht in den Spiegeln tausend andere Hunde, freut sich darüber und wedelt mit dem Schwanz. Tausend Hunde freuen sich mit ihm und wedeln zurück. Dieser Hund verlässt den Tempel in dem Bewusstsein: Die Welt ist voller freundlicher Hunde.
(aus Indien)

Die Natur gab allen Lebewesen das Gefühl der Angst – nicht um ihnen das Leben schwer zu machen, sondern sie vor Schaden zu bewahren. Daher sollten wir unsere eigenen Ängste und auch die unserer Pferde eher als Geschenk denn als Fluch ansehen.

Ob wir etwas als positiv oder negativ empfinden, ist einzig und allein unsere Entscheidung. Das betrifft auch die Angst. Nehmen Sie Ihre Ängste und auch die Ihres Pferdes als Teil des Lebens an. Angst gehört ebenso dazu wie die Glücksmomente und hat immer einen guten Grund. Betrachten Sie also die Angst nicht als Feind, sondern als Teil von sich selbst. Allein diese neue innere Einstellung wird Ihre innere und äußere Welt schon erheblich verändern.

Durch die neu gewonnene innere Akzeptanz und Gelassenheit können Sie Ihrem Pferd nun ein souveräner, zuverlässiger und verständnisvoller Alpha sein, der ihm helfen wird, auch seine Ängste anzunehmen und zu bewältigen.

DANKE

Meinem lieben Mann **Ingo Ehrmeier**
„Für die ganze Welt bist Du irgendjemand …
aber für irgendjemand bist Du die ganze Welt."

An **Heike & Dirk Brauns** sowie ihre Pferde Arli
und Quizzas, die uns als Models für dieses Buch
zur Verfügung standen!

An meine Lektorin **Alessandra Kreibaum** für
die tolle Zusammenarbeit beim mittlerweile
schon dritten Buch, ich freue mich auf weitere!

… und damit man auch mal sieht,
wer immer hinter der Kamera steht:
Liebe **Christiane Slawik**,
vielen Dank für mittlerweile
zehn Jahre tolle Zusammenarbeit,
wir freuen uns auf weitere zehn!
(www.slawik.com)

Christiane Slawik mit Shadow

Weitere Informationen über die Autorin, ihre Bücher, ihre Pferde und ihr
umfassendes Seminarangebot finden Sie unter:

www.karin-tillisch.com   *www.facebook.com/KarinTillisch*

CADMOS PFERDEBÜCHER

Horst Becker
Das athletische Pferd

Wenn bei der Dressurausbildung Probleme auftreten, wird nach dem „Warum" leider nur selten gefragt. Genau dieser Frage geht Horst Becker in diesem Buch nach – und zeigt Lösungswege auf, mit denen die Stärken eines Pferdes gezielt gefördert und seine Schwächen sanft und effektiv korrigiert werden können. Besonderen Wert legt der Autor dabei auf die Erkenntnisse der Anatomie, Physiologie und Bewegungsmechanik des Pferdes, auf Vertrauensbildung und konsequenten Gewaltverzicht.

144 Seiten · farbig · gebunden
ISBN 978-3-86127-442-1

Marlitt Wendt
Die Intelligenz der Pferde

Aktuelle Studien der Kognitionsforschung belegen eindrucksvoll, dass die Intelligenz der Pferde bisher weitgehend unterschätzt wurde. Pferde bewegen sich geistig ebenso leichtfüßig in den Bereichen des abstrakten Denkvermögens wie in der komplexen Welt ihres sozialen Gefüges. Die Vehaltensbiologin Marlitt Wendt erläutert in diesem Buch anschaulich und bestens verständlich die aktuellen Ergebnisse wissenschaftlicher Studien, die Mechanismen des Lernverhaltens und die verborgenen mentalen Fähigkeiten der Pferde.

128 Seiten · farbig · broschiert
ISBN 978-3-8404-1038-3

 Auch als E-Book erhältlich

Karin Tillisch
Selbstbewusst mit Pferden

Fast jeder Reiter kennt Situationen, in denen ihm mulmig wurde oder er sogar Angst bekam. Solche Situationen lassen sich oft entschärfen, wenn der Reiter das Pferd besser kennt und weiß, warum es sich so verhält. Die Autorin erklärt, wie und warum Angst entsteht und gibt zahlreiche praxiserprobte Tipps für einen neuen, selbstbewussten Umgang mit dem Vierbeiner.

80 Seiten · farbig · broschiert
ISBN 978-3-8404-1502-9

 Auch als E-Book erhältlich

Karin Tillisch
Zwischen Freiheit und Dressur

Fast jeder Reiter kennt Situationen, in denen ihm mulmig wurde oder er sogar Angst bekam. Solche Situationen lassen sich oft entschärfen, wenn der Reiter das Pferd besser kennt und weiß, warum es sich so verhält. Die Autorin erklärt, wie und warum Angst entsteht und gibt zahlreiche praxiserprobte Tipps für einen neuen, selbstbewussten Umgang mit dem Vierbeiner.

80 Seiten · farbig · broschiert
ISBN 978-3-8404-1508-1

 Auch als E-Book erhältlich

Cadmos Verlag GmbH · Möllner Straße 47 · 21493 Schwarzenbek
Tel. 04151-87 90 7-0 · Fax 04151-87 90 7-12
Besuchen Sie uns im Internet: **www.cadmos.de**